조사방법론

— 정규분포와 추정의 수학적 접근

조사방법론

— 정규분포와 추정의 수학적 접근

조규진 지음

율곡출판사

들어가는 글

필자가 20년이 넘도록 조사방법론을 학부와 대학원에서 강의하면서 느낀 점은 정규분포의 중요성이었다. 즉, 요인분석과 판별분석 등의 일시점에의 횡단분석과 확률과정과 관련된 다시점에의 종단분석을 이해하기 위해서는, 정규분포의 수학적 구조에 대한 이해가 필요하다는 것을 알게 되었던 것이다. 그러면서 모집단의 정규분포와 표본집단의 표준정규분포와의 관계인 추정에 대해 자연스레 관심을 가지게 되었다. 이러한 관심으로 만들어진 본서에서는 1부의 정규분포와 2부의 추정을 근간으로 하여, 3부에서는 정규분포의 구조를 수학적으로 해석하고자 한다.

먼저 1부에서는 일시점의 확률변수를 중심으로 공간과 관련된 정규분포를 다룰 것이며, 다시점의 확률과정을 중심으로 시간과 관련된 정규분포를 다룰 것이다.

그리고 2부에서는 추정을 다루면서 자연스레 검정도 같이 다룰 것이다. 왜냐하면, 추정이란 모집단과 표본집단의 관계 속에서 표본집단의 추정량을 분석하여 모집단의 특성을 예측하는 과정이며, 검정은 그 추정량이 진실인가를 판정하는 방법이기 때문이다.

마지막으로 3부에서는 조사방법론과 관련된 1부와 2부와는 달리, 오로지 정규분포의 수학적 구조만 설명한다. 즉, 1부에서 다른 정규분포에 대한 수학적 구조를 다루는데, 이를 이해하기 위해 조사방법론과 관련이 없는 극좌표와 치환적분법 및 야코비안행렬도 도입하여 정규분포의 수학적 구조를 설명한다.

조사방법론에 대한 필자의 이러한 수학적 접근방식과 대부분 실시하는 사전적인 매뉴얼 방식의 접근방식을 합한다면, 회귀분석이나 판별분석 등의 조사방법론을 이해하는 데에 많은 도움을 줄 것이다.

이 연구는 광운대학교 2017년도 교내연구비의 지원으로 이루어진 것이다. 그리고 이 연구는 수년간의 박사과정 수업을 하면서 시작되었으며, 그들 중 특히 황일영 교수와 현재 박사과정 중인 강지은 학생과 장영 학생은 교정에 많은 도움을 주었다. 물론 본서가 나오게 된 것은 나를 가르쳐주신 은사님의 학문적 가르침 덕분이다. 또한 나를 키워주신 부모님과 연구를 하도록 뒷받침해 준 가족의 도움도 크다 할 것이다.

연구실에서

차례

2부 추정과 검정

3부 정규분포의 수학

정규분포와 조사방법의 관계

1.1 조사방법론의 원리 : 오차와 거리

1.2 정규분포의 내용

1.3 공간과 정규분포

1.4 시간과 정규분포

1.1 조사방법론의 원리 : 오차와 거리

어떠한 확률변수 x_i를 구하고자 하는 조사방법은 다음의 두 가지로 대별된다. 하나는 오차를 통한 조사방법이고, 다른 하나는 거리를 통한 조사방법이다.

첫째, 오차는 어떠한 확률변수 x_i와 그에 종속적인 평균 μ_{x_i}에 대한 간격, 즉 어떠한 확률변수 x_i의 실측치와 그 확률변수 x_i의 예측치인 μ_{x_i}에 대한 간격인

$$e_i = |x_i - \mu_{x_i}|$$

즉,

$$e_i = |x_i - E(x_i)|$$

을 말한다. 이의 예는 막동이 키와 반 평균 키 사이의 간격이 되겠다.

이러한 오차를 이용한 조사방법은 정규분포화된 오차의 조사

방법과 정규분포와 무관한 오차의 조사방법으로 나뉜다.[1] 정규분포화된 오차의 조사방법에는 분산분석, 회귀분석, 판별분석 등이 있고, 정규분포와 관련이 없는 오차의 조사방법에는 요인분석, LISREL 등이 있다.

둘째, 거리는 어떠한 확률변수 x_i와 그와 독립적인 x_j에 대한 간격인

$$d_i = | x_i - x_j |$$

을 말한다. 이의 예는 1차원의 경우는 막동이 키와 을순이 키 사이의 간격이 되고, 2차원인 경우 Euclidian 거리모형으로서 막동이 키와 을순이 몸무게 사이의 간격인

$$d_{12} = \sqrt{(x_1 - x_2)^2 + (y_1 - y_2)^2}$$

가 된다. 그런데 거리를 말할 때는 일반적으로 p차원의 Minkowski

1 정규분포의 확률밀도함수인 $f(x_i) = \frac{1}{\sigma\sqrt{2\pi}} \exp[-\frac{1}{2} \cdot \frac{(x_i - \mu)^2}{\sigma^2}]$도 오차인 $e_i = |x_i - \mu_{x_i}|$의 한 종류로서, 거리인 $d_i = |x_i - x_j|$와는 관련이 없다.

거리모형인

$$d_{ij} = (\sum |x_{ia} - x_{ja}|^p)^{1/p}$$

을 쓰기에, 위 2차원의

$$d_{ij} = \sqrt{(x_1 - x_2)^2 + (y_1 - y_2)^2}$$

을 Minkowski 거리모형으로서의 Euclidian 거리모형인

$$d_{ij} = \sqrt{(x_{i1} - x_{j1})^2 + (x_{i2} - x_{j2})^2}$$

으로 쓰는 경우가 일반적이다.[2] 이러한 거리를 이용한 조사방법에는 군집분석과 다차원척도법 등이 있다.

1.2 정규분포의 내용

평균이 μ이고 분산이 σ^2인 확률변수 x_i에 대한 정규분포

---

2 Minkowski는 거리를 허수에도 확대시켜 시공간적 거리라는 $\sqrt{x^2 + (ict)^2} = \sqrt{x^2 - (ct)^2}$ 를 만들었다.

$N(x_i\,;\,\mu,\,\sigma^2)$의 확률밀도함수(probability density function ; *pdf*)[3]는

$$f(x_i) = \frac{1}{\sigma\sqrt{2\pi}}\exp[-\frac{1}{2}\cdot\frac{(x_i-\mu)^2}{\sigma^2}]$$

이다. 이러한 확률밀도함수 $f(x_i)$를 적분하면, 누적분포함수(cumulative distribution function ; *cdf*)인

$$F(x_i)$$

$$= \int f(x_i)\,dx_i$$

$$= \int \frac{1}{\sigma\sqrt{2\pi}}\exp[-\frac{(x_i-\mu)^2}{2\sigma^2}]\;dx_i$$

가 된다. 그리고 연속확률변수 x_i[4]가 무한한 경우 이의 누적분포

---

3 확률밀도함수는 연속확률함수(continuous random function)라고도 한다. 정규분포는 연속적인 실수의 연속된 확률변수 x_i의 확률밀도함수로서, 1, 2, 3, … 등과 같은 비연속적인 자연수로 되어 있는 이산확률함수(discrete random function)와 구분된다. 이산확률함수는 확률질량함수(probability mass function ; *pmf*)라고도 한다.

4 정규분포는 '연속확률변수 x_i'와만 관계하므로, 이후부터 이를 줄여 편의상 '확률변수 x_i'라 칭한다.

함수 $F(x_i)$의 값은 1이 된다. 즉,

$$F(x_i) = \int_{-\infty}^{\infty} f(x_i)\, dx_i = 1$$

이다.

그런데 확률변수 x_i에 대한 정규분포는 모집단의 경우와 표본집단의 경우가 다르기에, 이 장에서는 확률밀도함수와 누적분포함수 모두에 대해 모집단의 경우와 표본집단의 경우로 나누어 설명하기로 한다.

1.2.1 정규분포와 표준정규분포의 확률밀도함수

1.2.1.1 정규분포의 확률밀도함수

1.2.1.1.1 모집단 확률변수에 대한 정규분포의 확률밀도함수

1.2.1.1에서 확률변수(random variable) x_i에 대한 정규분포 $N(\mu,\ \sigma^2)$의 확률밀도함수는

$$f(x_i) = \frac{1}{\sigma\sqrt{2\pi}} \exp[-\frac{1}{2} \bullet \frac{(x_i - \mu)^2}{\sigma^2}]$$

라 하였는데, 이러한 일반적인 정규분포는 모집단의 경우를 말하는 것이기에 모집단의 정규분포는 일반적인 정규분포와 동일하게

$$N(x_i;\ \mu,\ \sigma^2)$$[5]

이다. 당연히 모집단 정규분포의 확률밀도함수는 상기한 일반적 정규분포의 확률밀도함수와 동일하게

$$f(x_i) = \frac{1}{\sigma\sqrt{2\pi}} \exp[-\frac{1}{2} \bullet \frac{(x_i - \mu)^2}{\sigma^2}]$$

이다.

1.2.1.1.2 표본집단 평균에 대한 정규분포의 확률밀도함수

확률변수 x_i에 대한 평균이 μ이고 분산이 σ^2인 모집단(population)의 크기가 큰 경우 그 모집단을 직접 조사하기 힘들

---

5 확률변수 x_i에 대한 정규분포 $N(\mu,\ \sigma^2)$를 편의상 $N(x_i;\ \mu,\ \sigma^2)$로 표시한다.

기에, 표본(sample)을 추출하여 추정하는 방법을 택한다.

모집단에서 추출한 표본집단이 여러 개 있는 경우, 각 표본집단의 평균은 $\overline{X_1}$, $\overline{X_2}$, ⋯ , $\overline{X_n}$이 된다. 그렇게 되면 여러 표본평균[6]인 $\overline{X_1}$, $\overline{X_2}$, ⋯ , $\overline{X_n}$에 대한 평균은

$$\mu_{\overline{X_i}} = \frac{1}{n}\sum_{i=1}^{n}\overline{X_i}\,f_i$$

이 된다.[7] 그리고 표본평균 $\overline{X_i}$에 대한 표준편차는

6 표본집단의 평균을 편의상 표본평균이라 칭한다.

7 정규분포를 논할 경우 그 대상은 논리적으로 모집단의 확률변수 x_i나 표본집단의 평균 $\overline{X_i}$ 말고도 표본집단 X_i를 생각해 볼 수도 있을 것이다. 그러나 실제로는 표본집단 X_i을 제외한 모집단의 확률변수 x_i와 표본집단의 평균 $\overline{X_i}$을 조사대상으로 하고 있다. 그 이유는 모집단의 확률변수 x_i나 표본집단의 평균 $\overline{X_i}$ 말고도 표본집단 자체나 표본집단의 확률변수까지도 조사대상에 넣을 경우, (각각에 대해 정규분포나 표준정규분포 및 확률밀도함수나 누적분포함수의 경우까지 설명해야 하기에) 매우 복잡해져서 편의상 제외해버리는 측면도 있지만, 그것보다는 모집단의 확률변수 x_i나 표본집단의 평균 $\overline{X_i}$만으로도 정규분포의 모든 것을 취급할 수 있기 때문이다. 앞으로는 표본집단 자체나 표본집단의 확률변수의 경우는 생각하지 아니하고, 모집단의 확률변수 x_i나 표본집단의 평균 $\overline{X_i}$의 경우에 대해서만, 정규분포나 표준정규분포 및 확률밀도함수나 누적분포함수의 논의를 할 것이다.

$$\sigma_{\overline{X_i}} = \sqrt{\frac{1}{n}\sum(\overline{X_i} - \mu_{\overline{X_i}})^2}$$

이 된다. 이러한 표본평균 $\overline{X_i}$에 대한 정규분포의 확률밀도함수는

$$f(\overline{X_i}) = \frac{1}{\sigma_{\overline{X_i}}\sqrt{2\pi}}\exp[-\frac{(\overline{X_i} - \mu_{\overline{X_i}})^2}{2\sigma^2_{\overline{X_i}}}]$$

이 된다.

이제 표본평균 $\overline{X_i}$에 대한 정규분포의 평균과 분산을 보기로 한다. 먼저 표본평균 $\overline{X_i}$의 평균($\mu_{\overline{X}}$)을 보면,

$$\mu_{\overline{X}}$$

$$- E(\overline{X_i})$$

$$= E(\frac{1}{n}\sum \overline{X_i} f_i)$$

이다. 여기서

$$f_i = 1$$

인 경우만을 고려하면,

$$E(\frac{1}{n}\sum\overline{X_i}) = E(\overline{X_i})$$

이 되기에, 위의 식은

$$E\,(\frac{1}{n}\sum\overline{X_i}\,f_i)$$

$$= E(\frac{1}{n}\sum\overline{X_i})$$

$$= \frac{1}{n}E(\sum X_i)$$

$$= \frac{1}{n}E\,(X_1 + X_2 + \cdots + X_n)$$

$$= \frac{1}{n}[\,E(X_1) + E(X_2) + \cdots + E(X_n)\,]$$

$$= \frac{1}{n}[\,\mu + \mu + \cdots + \mu\,]$$

$$= \frac{1}{n}[\,n \bullet \mu\,]$$

$$= \mu$$

가 된다. 또한 표본평균에 대한 분산($\sigma^2_{\overline{X}}$)은

$$
\begin{aligned}
\sigma^2_{\overline{X}} \\
&= Var(\overline{X}) \\
&= Var(\frac{1}{n}\sum X_i) \\
&= \frac{1}{n^2} Var(\sum X_i) \\
&= \frac{1}{n^2} Var(X_1 + X_2 + \cdots + X_n) \\
&= \frac{1}{n^2} [\, Var(X_1) + Var(X_2) + \cdots + Var(X_n)] \\
&= \frac{1}{n^2} [\, \sigma^2 + \sigma^2 + \cdots + \sigma^2] \\
&= \frac{1}{n^2} [n \bullet \sigma^2] \\
&= \frac{\sigma^2}{n}
\end{aligned}
$$

이 된다.

즉, 표본평균 $\overline{X_i}$의 평균 $\mu_{\overline{X}}$는 모집단에 대한 원래의 평균인 μ와 동일하며, 표본집단의 평균 $\overline{X_i}$에 대한 분산 $\sigma^2_{\overline{X}}$은 모집단의 분산 σ^2을 n으로 나눈 $\frac{\sigma^2}{n}$이 된다.

요컨대, 표본집단 평균 $\overline{X_i}$에 대한 정규분포는 $N(\mu, \frac{\sigma^2}{n})$가 되어[8], 모집단 확률변수 x_i에 대한 정규분포인 $N(\mu, \sigma^2)$와 다르게 나타난다.

1.2.1.2 표준정규분포의 확률밀도함수

1.2.1.1에서는 확률변수 x_i의 확률밀도함수를 설명하였는데, 이 장에서는 확률변수 x_i를 표준화한 표준화변수(standardized value)인

$$z_i = \frac{x_i - \mu}{\sigma}$$

---

8 표본집단의 평균 $\overline{X_i}$에 대한 정규분포 $N(\mu, \frac{\sigma^2}{n})$를 편의상 $N(\overline{X_i} : \mu, \frac{\sigma^2}{n})$로 표시할 수 있다. 또한 $\frac{\sigma^2}{n} = s^2$으로 표기하기도 하기에, $N(\mu, \frac{\sigma^2}{n})$는 $N(\mu, s^2)$으로도 표기된다. 물론 이는 $N(\overline{X_i} : \mu, s^2)$과 동일하다.

의 확률밀도함수에 대해 설명하기로 한다. 이 장에서는 표준화변수 z_i에 대한 표준정규분포에 대해, 모집단과 표본집단으로 나누어 설명한다.

1.2.1.2.1 모집단 표준화변수에 대한 표준정규분포의 확률밀도함수

표준화변수 z_i에 대한 모집단 표준정규분포(standard normal distribution)의 확률밀도함수는

$$f(z_i) = \frac{1}{\sqrt{2\pi}} \quad e^{-\frac{1}{2}z_i^2}$$

이다. 이는 확률변수 x_i의 모집단 정규분포에 대한 확률밀도함수인

$$f(x_i) \ = \ \frac{1}{\sigma\sqrt{2\pi}} \exp[-\frac{1}{2} \cdot \frac{(x_i - \mu)^2}{\sigma^2}]$$

에서 $\dfrac{x_i - \mu}{\sigma}$를 z_i로 바꾸면서 생긴 결과이다. 이는 평균이 0이고 분산이 1인 표준정규분포 $S\ (0, 1)$이 된다.

1.2.1.2.2 표본집단 평균에 대한 표준정규분포의 확률밀도함수

이는 표본평균 $\overline{X_1}$, $\overline{X_2}$, $\cdots$, $\overline{X_n}$의 표준정규분포를 구하는 경우로서, 이러한 표준정규분포의 확률밀도함수는

$$f(\overline{X_i}) = \frac{1}{\sqrt{2\pi}\,\sigma/n} \exp[-\frac{(\overline{X_i} - \mu)^2}{2\sigma^2/n}]$$

이 된다. 이를 표본집단 평균에 대해 표준화시키면

$$z_s = \frac{\overline{X_i} - \mu}{\frac{\sigma}{\sqrt{n}}} = \frac{\overline{X_i} - \mu}{s}$$

가 되고, 이의 확률밀도함수는

$$f(z_s) = \frac{1}{\sqrt{2\pi}} \exp[-\frac{z_s^2}{2}]$$

이 된다.

표본집단에 대한 평균 $\overline{X_i}$의 표준화변수 z_s는 $S(0, 1)$의 표준정규분포를 가지는데, 이에 대한 전개과정은 다음과 같다. 먼저 평균은

$$E[z]$$

$$= E\left[\frac{\overline{X}-\mu}{\sigma / \sqrt{n}}\right]$$

$$= \frac{E(\overline{X})-\mu}{\sigma / \sqrt{n}}$$

$$= \frac{\mu-\mu}{\sigma / \sqrt{n}}$$

$$= 0$$

이 된다. 그리고 분산은

$$Var(z)$$

$$= E[z^2]$$

$$= E\left[\frac{(\overline{X}-\mu)^2}{\sigma^2 / n}\right]$$

$$= \frac{E[(\overline{X}-\mu)^2]}{\sigma^2/n}$$

$$= \frac{\sigma^2/n}{\sigma^2/n}$$

$$= 1$$

이 된다. 그리하여 z_s는 $S(0, 1)$의 표준정규분포를 가진다.

1.2.2 정규분포와 표준정규분포의 누적분포함수

지금까지는 정규분포와 표준정규분포의 확률밀도함수를 보았는데, 이 장에서는 이에 대한 누적분포함수를 각각 보기로 한다.

1.2.2.1 모집단 확률변수에 대한 정규분포의 누적분포함수

일반적으로 확률변수 x_i에 대한 정규분포 $N(\mu, \sigma^2)$의 확률밀도함수인

$$f(x_i) = \frac{1}{\sigma\sqrt{2\pi}} \exp[-\frac{1}{2} \cdot \frac{(x_i-\mu)^2}{\sigma^2}]$$

을 적분하면, 누적분포함수인

$$F(x_i)$$

$$= \int f(x_i)\, dx_i$$

$$= \int \frac{1}{\sigma\sqrt{2\pi}} \exp[-\frac{(x_i-\mu)^2}{2\sigma^2}]\; dx_i$$

가 된다고 하였는데, 이러한 확률변수에 대한 정규분포의 누적분포함수의 일반원칙은 그대로 모집단에 적용된다. 즉, 모집단 확률변수에 대한 정규분포의 누적분포함수는 그대로

$$F(x_i)$$

$$= \int f(x_i)\, dx_i$$

$$= \int \frac{1}{\sigma\sqrt{2\pi}} \exp[-\frac{(x_i-\mu)^2}{2\sigma^2}]\; dx_i$$

가 된다. 그리고 모집단의 무한한 연속확률변수 x_i에 대한 누적분포함수 $F(x_i)$의 값은 당연히

$$F(x_i) = \int_{-\infty}^{\infty} f(x_i)\, dx_i = 1$$

이 된다.

1.2.2.2 표본집단 평균에 대한 표준정규분포의 누적분포함수[9]

이 장은 1.2.1.2.2의 "표본집단 평균에 대한 표준정규분포의 확률밀도함수"에 대한 누적분포함수를 다루는데, 이는 신뢰도(confidence coefficient)의 문제가 된다. 신뢰도란 간단히 말하면 누적분포함수에서의 면적을 말하는데, 이를 좀 더 자세히 설명하면 표본평균($\overline{X_i}$)의 표준화변수인

$$z_s = \frac{\overline{X_i} - \mu}{\frac{\sigma}{\sqrt{n}}} = \frac{\overline{X_i} - \mu}{s}$$

9 체계적으로 볼 때는 확률밀도함수의 경우와 마찬가지로 '표본집단 평균에 대한 정규분포의 누적분포함수' 와 '모집단 확률변수에 대한 표준정규분포의 누적분포함수' 의 경우가 있어야 하나, 중복되는 전개과정이어서 복잡할 뿐 아니라 실용성도 거의 없다. 그리하여 신뢰도와 관계되는 이 장의 '표본집단 평균에 대한 표준정규분포의 누적분포함수' 만 설명한다.

에 대한 확률밀도함수를 적분한 면적을 의미한다. 결국 신뢰도란 z_s의 표준정규분포에 대한 누적분포함수에서 제한된 면적으로서의 의미를 가지는데, 여기에서 제한된 면적의 예를 들면 95% 등이 된다.

표본평균($\overline{X_i}$)의 표준화변수인 z_s의 표준정규분포에 대한 확률밀도함수는

$$f(z_s) = \frac{1}{\sqrt{2\pi}} e^{-\frac{1}{2}z_s^2}$$

인데, 신뢰도란 z_s의 표준정규분포에 누적분포함수에서 제한된 면적을 의미하기에

$$F(z_s) = \int_a^b (\frac{1}{\sqrt{2\pi}} e^{\frac{1}{2}z_s^2})dz_s$$

가 된다. 누적분포함수에서 제한된 면적이라 하면,

$$F(z_s) = \int_a^b (\frac{1}{\sqrt{2\pi}} e^{-\frac{1}{2}z_s^2})dz_s$$

로 되어야 하나, 신뢰도에서는 편의상

$$z_s = 0$$

을 중심으로 양쪽이 동일하게

$$F(z_s) = \int_{-b}^{b} \left(\frac{1}{\sqrt{2\pi}} e^{-\frac{1}{2}z_s^2}\right) dz_s$$

로 표시한다.

그리고 신뢰도는 모집단의 크기가 클 경우 모집단과 표본집단의 관계에서 유용하다. 즉, 모집단의 크기가 클 경우 모집단에서 추출한 표본집단에서 평균 $\overline{X_i}$나 분산 s^2을 추정량(estimator)으로 하여 원래 모집단의 모수(parameter)인 평균과 분산을 추정하는데, 이 때 모집단의 모수를 추정하는 정도를 신뢰도라 하는 것이다. 그리고 신뢰도와 관련하여 유의도(significance level : α)라는 개념이 있는데, 이 둘은 다음과 같이 합치면 100%가 된다는 관계를 가진다. 즉, 신뢰도$(1-\alpha)$와 유의도(α)를 합치면,

$$(1-\alpha) + (\alpha) = 1$$

이 된다는 것이다.

보론 1 표본집단의 크기

표본집단의 크기를 계산하기 위해서는 모집단의 표준화변수 z_i와 표본집단의 표준화변수 z_s를 이해하여야 하는데, 이들은 모집단과 표본집단의 각각에 대한 정규분포와 표준정규분포에서 그 성질이 연유된다. 표본집단의 크기인

$$n = \frac{z_s^2 \cdot \sigma^2}{E^2}$$

은 표본집단의 표준화변수인

$$z_s - \frac{\overline{X}_i - \mu}{\frac{\sigma}{\sqrt{n}}}$$

에서 유도되기 때문이다.[10]

그리하여 표본집단의 표준화변수 z_x를 알아야 하는데, 표본집단의 표준화변수 z_x를 알기 위해서는 모집단의 표준화변수 z_i와 표본집단의 성질을 먼저 알아야 할 필요가 있다.

10 E에 대해서는 이 장의 뒷부분에 설명한다.

첫째, 모집단의 표준화변수 z_i는 다음과 같이 정해진다고 하였다. 모집단이 정규분포를 가진다고 하였는데, 이는 모집단이 $N(\mu, \sigma^2)$인

$$f(x_i) = \int \frac{1}{\sigma\sqrt{2\pi}} \exp[-\frac{(x_i-\mu)^2}{2\sigma^2}]\,dx$$

를 가진다는 것이다. 모집단의 정규분포를

$$z_i = \frac{\overline{X}_i - \mu}{\sigma}$$

로 표준화시키면, 표준정규분포의 식

$$f(z_i) = \frac{1}{\sqrt{2\pi}} \exp[-\frac{z_i^2}{2}]$$

이 되고, z_i의 표준정규분포는 평균이 0이고 분산이 1인 식 $S\ (0, 1)$이 된다.[11]

둘째, 표본집단의 표준화변수 z_x는 다음과 같이 구해진다. 모

11 이를 위해서는 표준정규분포에 대한 적률생성함수에 대한 이해가 필요한데, 이는 1.3.2에서 상술한다. 그리고 적률생성함수는 보론 2에서 설명한다.

집단에서 각각 n개의 표본을 가진 표본집단 X_1, X_2, ... X_n을 임의추출하면, 각 표본집단의 평균(표본평균)은 $\overline{X_1}$, $\overline{X_2}$, ..., $\overline{X_n}$가 되고, 그 표본평균의 분포는 다음과 같은

$$f(\overline{X_i}) = \frac{1}{\sigma\sqrt{2\pi}}\exp[-\frac{(\overline{X_i}-\mu)^2}{2\sigma^2}]$$

식을 가진 정규분포가 된다. 표본평균인 $\overline{X_i}$에 대한 평균($\mu_{\overline{X}}$)과 분산($\sigma^2_{\overline{X}}$)을 구하면[12], $N(\mu, \frac{\sigma^2}{n})$ 또는 $N(\mu, s^2)$인 정규분포를 가진다.[13] 그러한 표본평균에 대한 정규분포 $N(\mu, \frac{\sigma^2}{n})$에 대하여

$$z_s = \frac{\overline{X_i} - \mu}{\frac{\sigma}{\sqrt{n}}}$$

로 표준화하면, 표본평균 $\overline{X_i}$의 표준화변수 z_s는

$$f(z) = \frac{1}{\sqrt{2\pi}}\exp[-\frac{z_s^2}{2}]$$

---

12 대부분의 통계학 서적에서와 같이, 본서에서도 $\overline{X_i}$와 X_i 및 $\overline{X}$는 모두 표본평균을 말한다. 만약 $\sigma^2_{\overline{X}}$를 정확히 쓴다면 $\sigma^2_{\overline{X_i}}$가 되어, 읽기에 복잡하기 때문이다.

13 표본집단 X_i는 x_{i1}, x_{i2}, …의 확률변수를 가지고 $f(x_{ij}) = \frac{1}{\sigma_s\sqrt{2\pi}}\exp[-\frac{(x_{ij}-\overline{X_i})^2}{2\sigma_s^2}]$의 정규분포를 가질 수 있으나, 여기에서는 편의상 그 논의를 하지 않는다.

의 식을 가지며, 이는 $S(0, 1)$의 표준정규분포[14]를 가진다.

지금까지 모집단의 표준화변수 z_i에 기초한 표본집단의 표준화변수 z_x를 간단히 설명하였는데, 이를 이용하여 표본집단의 표본수 n을 다음과 같이 구할 수 있다. 표본집단의 표준화 확률변수 z_s는

$$z_s = \frac{\overline{X_i} - \mu}{\frac{\sigma}{\sqrt{n}}}$$

인데, z_s의 식에서

$$E = \overline{X_i} - \mu$$

는 최대로 허용가능한 표본평균과 모평균의 차이, 즉 오차허용치를 말한다. 즉, z_x에 대해 E를 이용해 다시 쓰면

$$z_s = \frac{\overline{X_i} - \mu}{\frac{\sigma}{\sqrt{n}}} = \frac{E}{\frac{\sigma}{\sqrt{n}}}$$

14 확률변수 x_i의 표준화변수 z_i의 경우에도, $N(0, 1)$의 표준정규분포를 가진다.

가 되므로,

$$E = z_s \frac{\sigma}{\sqrt{n}}$$

가 된다. 이 식을 계산하면 표본집단의 크기(n)는

$$n = \frac{z_s^2 \cdot \sigma^2}{E^2}$$

이상이 되어야 한다.

1.3 공간과 정규분포

1.3.1 중심극한정리

중심극한정리(central limit theorem)란 일시점의 공간에서 표본수가 대수(large number)일 때는 모든 조사대상은 계량적으로 정규분포를 따르게 된다는 것이다.

이를 위해서는 다음을 증명하면 된다. 즉, 표본집단 평균 $\overline{X_i}$[15]의 표준화변수는

$$z_s = \frac{\bar{x} - \mu}{\sigma / \sqrt{n}}$$

인데, 어떠한 경우의 표본집단이든 그 표본집단의 크기가

$$n \to \infty$$

한다면, 표본집단 평균 $\overline{X_i}$의 표준화변수 z_s에 대한 분포인

$$N(\mu, \frac{\sigma^2}{\sqrt{n}})$$

는 모집단 확률변수 x_i의 표준화변수 z_i에 대한 분포인

$$S(0, 1)$$

가 되는 것을 증명하면 된다[16].

이는 결국

15 표본집단의 평균 $\overline{X_i}$에 대한 분포는 $N(\mu, \frac{\sigma^2}{\sqrt{n}})$이다.

16 모집단 확률변수 x_i의 표준화변수 z_i에 대한 표준정규분포의 확률밀도함수는 $f(z_i) = \frac{1}{\sqrt{2\pi}} e^{-\frac{1}{2}z_i^2}$이다.

$$z_s = \frac{\overline{x} - \mu}{\sigma / \sqrt{n}}$$

의 적률생성함수가

$$M_z(t) = e^{\frac{1}{2}t^2}$$

이 된다는 것으로서[17], 다음과 같이 증명한다.

이의 증명은 표본평균 $\overline{X_i}$의 표준화변수인 z_s[18]에 대한 적률생성함수인

$$M_z(t)$$

$$= E[e^{tz}]^{19}$$

$$= \sum_{.n=0}^{\infty} [e^{tz} \cdot f(z)]$$

---

17 표준정규분포의 적률생성함수가 $M_z(t) = e^{\frac{1}{2}t^2}$이 된다는 것은 1.3.2에서 증명한다.

18 표본집단 $X_1, X_2, \cdots, X_n$이 모집단에 가장 가까워지도록 하는 최대우도추정량(MLE)은 표본집단의 평균($\overline{X}$)과 표본집단의 분산(s^2)이라는 것은 2.1에서 증명한다.

19 수식에 들어간 작은 표시의 z는 모집단 확률변수 x_i의 표준화변수인 z_i가 아니라, 표본집단의 평균 $\overline{X_i}$의 표준화변수인 z_s이다.

를 이용하며[20], 그 전개과정은 다음과 같다.

먼저

$$M_z(t) = E[e^{tz}]$$

인데,

$$z_s = \frac{\bar{x} - \mu}{\sigma / \sqrt{n}}$$

이기에, 위의 식은

$$M_z(t)$$

$$= E[e^{tz}]$$

$$= E[\ e^{t(\frac{\bar{x} - \mu}{\sigma / \sqrt{n}})}\ ]$$

$$= E[\ e^{t(\frac{\bar{x}\ \sqrt{n}\ \ - \mu \sqrt{n}}{\sigma})}\ ]$$

---

20 $E[e^{tz}]$는 기대치 형태이고 $M_z(t)$는 적률생성함수 형태이다. 적률생성함수는 보론 2에서 설명한다.

$$= E[\ e^{t(\frac{\sum x}{\sigma\sqrt{n}} - \frac{\mu\sqrt{n}}{\sigma})}\ ]$$[21]

$$= (e^{-\frac{\mu\sqrt{n}}{\sigma}t}) \cdot E[\ e^{t(\frac{\sum x}{\sigma\sqrt{n}})}\ ]$$

$$= (e^{-\frac{\mu\sqrt{n}}{\sigma}t}) \cdot E[\ e^{t(\frac{\sum x}{\sigma\sqrt{n}})}\ ]$$

$$= (e^{-\frac{\mu\sqrt{n}}{\sigma}t}) \cdot M_{\sum x}[\frac{t}{\sigma\sqrt{n}}]$$[22]

$$= (e^{-\frac{\mu\sqrt{n}}{\sigma}t}) \cdot M_x[\frac{t}{\sigma\sqrt{n}}]^n$$

이 된다. 여기서 양변에 ln을 취하면,

$$\ln[M_z(t)]$$

$$= n \cdot \ln[M_x(\frac{t}{\sigma\sqrt{n}})] - \frac{\mu\sqrt{n}}{\sigma}t$$

---

21 $\bar{x} = \frac{\sum x}{n}$ 이다.

22 기대치 형태의 $E[\ e^{t(\frac{\sum x}{\sigma\sqrt{n}})}\ ]$를 적률생성함수 형태로 바꾸어 쓰면 $E[e^{t(\frac{\sum x}{\sigma\sqrt{n}})}] = M_{\sum x}[\frac{t}{\sigma\sqrt{n}}]$이다.

가 된다. 이를

$$\ln[M_x(\frac{t}{\sigma\sqrt{n}})]$$

$$= C_x(\frac{t}{\sigma\sqrt{n}})$$

$$= [C_x(0) \cdot t^0] + [C_x(0)' \cdot t^1] + [\frac{C_x(0)''}{2!} \cdot t^2] + \cdots$$

로 바꾸어 쓸 수 있는데, 이러한 $C_x(\frac{t}{\sigma/\sqrt{n}})$를 누적생성함수 (cumulant generating function)라 한다.

이 식을 위의

$$\ln[M_z(t)]$$

$$= n \cdot \ln[M_x(\frac{t}{\sigma\sqrt{n}})] - \frac{\mu\sqrt{n}}{\sigma}t$$

에 대입하면,

$$\ln[M_z(t)]$$

$$= n \cdot [C_x(0) \cdot t^0 + C_x(0)' \cdot t^1 + \frac{C_x(0)''}{2!} \cdot t^2 + \cdots]$$

$$- [\frac{\mu\sqrt{n}}{\sigma} t]$$

가 됨을 알 수 있다. 그런데

$$C_x(0) = 0, \quad C_x{}'(0) = \mu, \quad C_x{}''(0) = \sigma^2, \ \ldots$$

이므로[23], 위 식

$$\ln [M_z(t)]$$

$$= n \cdot [C_x(0) \cdot t^0 + C_x(0)' \cdot t^1 + \frac{C_x(0)''}{2!} \cdot t^2 + \cdots]$$

$$- [\frac{\mu\sqrt{n}}{\sigma}]$$

$$= n \cdot [0 + \mu\frac{t}{\sigma\sqrt{n}} + \frac{\sigma^2}{2!}(\frac{t}{\sigma\sqrt{n}})^2 + \frac{K}{3!}(\frac{t}{\sigma\sqrt{n}})^3 + \cdots]$$ [24]

$$- \frac{\mu\sqrt{n}}{\sigma} t$$

---

23 누적생성함수의 성질은 $t = 1$일 때 $C_x(0) = \ln M_x(0) = 0$이고, $C_x{}'(0) = [\ln M_x(0)]'|_{t=0} = \frac{M_x{}'(0)}{M_x(0)} = \mu_1{}' = \mu$이며, 이를 계속하면 $C_x{}''(0) = \mu_2{}' - \mu_1^2 = \sigma^2$ 등이 이루어진다. (여기서 $(\ln x)' = \frac{1}{x}$이다.)

$$= -\frac{\mu\sqrt{n}}{\sigma}t \ + 0 \ + \frac{n\mu t}{\sigma\sqrt{n}} \ + n \bullet \frac{\sigma^2}{2!}(\frac{t}{\sigma\sqrt{n}})^2 \ +$$

$$n \bullet [\frac{K}{3!}(\frac{t}{\sigma\sqrt{n}})^3 + \cdots]$$

$$= n \bullet \frac{\sigma^2}{2!}(\frac{t}{\sigma\sqrt{n}})^2 + n \bullet [\frac{K}{3!}(\frac{t}{\sigma\sqrt{n}})^3 + \cdots]$$

$$= \frac{t^2}{2} + n \bullet [\frac{K}{3!}(\frac{t}{\sigma\sqrt{n}})^3 + \cdots]$$

이 된다. 여기서

$$n \rightarrow \infty$$

이면,

$$\ln [M_z(t)]$$

$$\approx \frac{t^2}{2} - 0$$

---

24 여기서 K는 복잡한 수이지만, 나중에 $n \rightarrow \infty$가 되면 0에 가까이 되기 때문에 그 내용은 중요하지 않게 된다.

$$= \frac{t^2}{2}$$

이 됨을 볼 수 있다. 여기서 양변에 ln을 풀면,

$$M_z(t) = e^{\frac{1}{2}t^2}$$

이 된다.

이 장의 앞부분에서

$$M_z(t)$$

$$= E[e^{tz}]$$

$$= \sum_{.n=0}^{\infty} [e^{tz} \cdot f(z)]$$

를 이용하여, 표본의 크기 n이 매우 커지면 모든 분포는 정규분포에 가까이 간다는 중심극한정리를 수리적으로 증명하였다.

1.3.2 확률변수의 표준정규분포에 대한 적률생성함수

위의 중심극한정리를 다루면서

$$M_z(t) = e^{\frac{1}{2}t^2}$$

이 표본집단 평균의 표준정규분포에 대한 적률생성함수라 하였는데, 이 장에서는 이것이 성립하는 근거를 설명할 것이다.

확률변수 x_i의 표준화변수 z_i에 대한 표준정규분포의 확률밀도함수는

$$f(z_i) = \frac{1}{\sqrt{2\pi}} \quad e^{-\frac{1}{2}z_i^2}$$

인데, 이를 적률생성함수에 적용하면

$$M_z(t)$$

$$= E[e^{tz}]$$

$$= \int_{-\infty}^{\infty} e^{tz} \cdot f(z)\, dz$$

$$= \int (e^{zt} \cdot \frac{1}{\sqrt{2\pi}} e^{-\frac{1}{2}z^2})\, dz$$

$$= \frac{1}{\sqrt{2\pi}} \int e^{(-\frac{1}{2}z^2 + zt)}\, dz$$

$$= \frac{1}{\sqrt{2\pi}} \int e^{[-\frac{1}{2}(z-t)^2 + \frac{1}{2}t^2]}\, dz$$

$$= \frac{1}{\sqrt{2\pi}} \int [e^{-\frac{1}{2}(z-t)^2} \cdot e^{\frac{1}{2}t^2}]\, dz$$

$$= e^{\frac{1}{2}t^2} \cdot \int \frac{1}{\sqrt{2\pi}} e^{-\frac{1}{2}(z-t)^2}\, dz$$

$$= e^{\frac{1}{2}t^2} \cdot 1$$ [25]

$$= e^{\frac{1}{2}t^2}$$

이다.

---

25 위의 식인 $e^{\frac{1}{2}t^2} \cdot \int \frac{1}{\sqrt{2\pi}} e^{-\frac{1}{2}(z-t)^2}\, dz$에서 우측의 $\int \frac{1}{\sqrt{2\pi}} e^{-\frac{1}{2}(z-t)^2}\, dz$는 z에 대한 표준정규분포의 누적함수이므로 $\int \frac{1}{\sqrt{2\pi}} e^{-\frac{1}{2}(z-t)^2}\, dz = 1$이 될 것이다.

보론 2 적률생성함수

적률생성함수(moment generating function ; *mgf*)는 적률이 순차적으로 생성되는 함수를 말한다. 적률(moment)이란 x^n의 기대치 형태인

$$E[x^n] = \sum_{n=0}^{\infty} [x^n \cdot f(x)]$$

를 말한다. 여기서 기대치(expected value)란 확률변수에 그것의 확률을 곱한 것을 말하며

$$E[x_i] = \sum[x_i \cdot f(x_i)] = \sum[x_i \cdot p_i] = \sum[x_i \cdot \frac{f_i}{n}]$$

이 된다.[26]

적률이란 x^n의 기대치이기에, 적률의 식은

$$E[x^n] = \sum_{n=0}^{\infty} [x^n \cdot f(x)]$$

---

26 기대치는 평균 μ이 된다.

가 되는 것이다. 그런데 적률은 물리학에서도 적용되며, 물리학에서는 능률이라고 표현할 뿐이다. 물리학에서의 능률(moment)은 물리적 효과가 물리량과 물리량의 분포상태에 따라 정해지며, 이의 식은

$$M = F \bullet r$$

로 나타낸다. 여기서

$$F = m \bullet a$$

이다.[27]

이러한 적률은

$$f(x) = \sum_{k=0}^{\infty} a_n x^n = a_0 x^0 + a_1 x^1 + a_2 x^2 + \cdots$$

의 형태로 나타나는 멱급수(power series)의 하나이기도 하다. 적

27 기대치는 평균 μ이 된다.

률의 기본식은

$$M_n = \int x^n \cdot f(x)\,dx$$

이며[28], 이 식의 1차식인 경우인

$$M_1 = \int x^1 \cdot f(x)\,dx$$

는

$$M = F \cdot r$$

과 동일한 표현이다. 원래 적률의 기본형태인

$$\sum (x-b)^r f(x)$$

인데, 위의 $\sum_{r=0}^{\infty} x^r f(x)$ 형태는 $\sum (x-b)^r f(x)$ 에서

$$b = 0$$

으로 대입한 특수형태이다.[29]

28 여기서 x : 힘, $f(x)$: 힘의 위치이다.

이러한 적률로 하여금 순차적으로 생성(generating)하는 함수가 되도록 하기 위해, x^n 대신 푸리에변환이 가능한 e^{tx}를 이용한다. 요컨대,

$$E[x^n] = \sum_{n=0}^{\infty} [x^n \cdot f(x)]$$

는 적률인데 비해, 적률생성함수는

$$M_x(t)$$

$$= E[e^{tx}]$$

$$= \sum_{n=0}^{\infty} [e^{tx} \cdot f(x)]$$

가 되는 것이다. 이러한 적률생성함수가 석률을 순차적으로 생싱하는 예를 보면, 다음과 같다. 즉, 위의 식에 대해 t로 1차 미분을 하게 되면

---

29 그런데 $E[X^r] = \sum x^r f(x)$는 확률함수의 평균과 관계되고, $E[(X-b)^r] = \sum(x-b)^r f(x)$형태는 확률함수의 분산과 관계된다.

$$M_x{}'(t)$$

$$= E[e^{tx}]'$$

$$= \sum [x \cdot e^{tx} \cdot f(x)]$$

가 되고[30], t로의 2차 미분은

$$M''(t) = \sum [x^2 \cdot e^{tx} \cdot f(x)]$$

가 되는 경우에서 볼 수 있다. 이를 계속하여 적률생성함수의 r 차 미분을 하게 되면,

$$M^{(r)}(t) = \sum x^r e^{tx} f(x)$$

가 된다.[31]

---

30 $\sum [e^{tx} \cdot f(x)]$을 t로 미분하면 $f(x)$는 상수가 되어, $f(x) \cdot \sum [e^{tx}]$를 t로 미분하는 경우와 동일해진다. 여기서 이해를 쉽게 하기 위해 $[e^{tx}]$만 따로 떼어 미분을 생각해보면, $(e^{tx})' = (tx)' \cdot (e^{tx}) = x \cdot e^{tx}$가 됨을 알 수 있다.

31 또 3, 4, ..., n차 미분을 계속해도 e^{tx}는 그대로 존재한다.

이제 1차미분인

$$M'(t) = \sum[x \cdot e^{tx} \cdot f(x)]$$

에서

$$t = 0$$

을 하면,

$$M'(0)$$

$$= \sum[x \cdot e^{0x} \cdot f(x)]$$

$$= \sum[x \cdot f(x)]$$

$$= E(x)$$

$$= \mu$$

인 평균이 되는 것을 볼 수 있다. 그리고 2차미분인

$$M''(t) = \sum [x^2 \cdot e^{tx} \cdot f(x)]$$

에서

$$t = 0$$

을 하면,

$$M''(0)$$

$$= \sum [x^2 \cdot e^{0x} \cdot f(x)]$$

$$= \sum [x^2 \cdot f(x)]$$

$$= E(x^2)$$

이 된다. 그런데 분산은

$$\sigma^2 = E(x^2) - [E(x)]^2$$

의 성질이 있으므로,

$$\sigma^2$$

$$= M''(0) - [M'(0)]^2$$

$$= M''(0) - \mu^2$$

이 된다.

그리고 연속함수에 대한 적률생성함수는

$$M(t) = E[e^{tx}] = \int_{-\infty}^{\infty} e^{tx} f(x)dx$$

가 되어, $M(t)$에 대헤 1차와 2차의 미분을 하면

$$M'(t) = \int_{-\infty}^{\infty} x e^{tx} f(x)dx$$

$$M''(t) = \int_{-\infty}^{\infty} x^2 e^{tx} f(x)dx$$

가 된다.

1.4 시간과 정규분포

조사대상에 대한 정규분포의 필연성은 시간적인 경우에도 적용된다. 왜냐하면 시간에 대한 가장 기초적인 규칙은 이항확률과정인데, 그 이항확률함수는 역시 수학적으로 정규분포를 따른다는 것을 증명할 수 있기 때문이다. 여기에서는 이항확률함수는 정규분포를 따른다는 것을 적률생성함수를 이용하여 수학적으로 증명해 보고자 한다.[32]

1.4.1 확률과정과 마르코프연쇄

확률과정(random process)은 시간이 흐름에 따라 무한히 일어나는 확률현상에 대한 기간적인 집합[33]을 말한다. 그리고 확률과정에서 그 시간을 하나의 시각에 고정시키면 그 시점에서의 확률변수 X_t [34]가 된다.

---

32 공간적인 경우의 정규분포에 대하여서도 적률생성함수를 이용하였는데, 이는 1.3.에서 설명하였다. 적률생성함수는 보론 2에서 설명한다.

33 확률과정은 집합형태인 $[X_t : t \in T]$ 로 정의한다.

34 1.2와 1.3에 걸쳐 설명한 시간과 무관한 확률변수 x_i와 다르게, 이 장의 확률변수 X_t는 시간과 관련된 확률변수이다. 예를 들어 x가 키라고 한다면, 전자의 x_i는 막동이(i)의 키(x)가 되겠고, 후자의 X_t는 어떤 사람의 2015년도(t) 키(x)가 되겠다. 그리고 1.2.1.1.2의 표본집단과 관련하여 $\overline{X_1}$, $\overline{X_2}$,

물론 확률변수 X_t를 시간의 흐름에 따라 나열하면 확률과정이 된다. 이러한 확률과정은 셀 수 있는 집합인 경우인 이산시간과정(discrete time process)과 연속적이어서 셀 수 없는 연속시간과정(continuous time process)으로 나뉜다.

그리고 이러한 확률과정 중에서 마르코프연쇄(Markov chain) 또는 마르코프과정(Markov process)이란 현재 공간상태 i에서 이동하는 다음 과정의 공간상태 j에 대해, 시간 t의 정보가 시간 $t+1$에 아무런 영향을 주지 않는 확률변수의 집합을 말한다. 즉, 마르코프과정의 성질은

$$F_{X(t_1)\cdots X(t_n)}(x_1, x_2, \cdots, x_n)$$

$$= F_{X(t_n)|X(t_{n-1})}(x_n|x_{n-1}) \bullet \cdots \bullet F_{X(t_2)|X(t_1)}(x_2|x_1) \bullet F_{X(t_1)}(x_1)$$

이 된다. 이러한 마르코프과정을 전이행렬(transition matrix)로 설명하면,

$\cdots$, $\overline{X_n}$ 표기가 나오는데, 이는 1, 2, $\cdots$, n이라는 표본집단에 대한 평균을 의미한다.

$$\underline{P} = [P_{ij}] = \begin{bmatrix} P_{00} & P_{01} & \cdots \\ P_{10} & P_{11} & \cdots \\ \vdots & \vdots & \end{bmatrix}$$

이 된다.[35]

마르코프과정은 독립성이 있는 확률과정인데, 독립성이 있는 확률과정이란 확률과정에 대한 확률밀도함수의 결합함수가

$$F_{\underline{X}}(\underline{x})$$

$$= F_{X_1}(x_1) \bullet F_{X_2}(x_2) \bullet \cdots \bullet F_{X_k}(x_k)$$

$$= \prod_{i=1}^{n} F_{X_i}(x_i)$$

의 성질을 보이는 확률과정을 말하며, 이를 독립확률과정(independent random process)이라 한다. 게다가 독립확률과정 중에

35 전이행렬이란 확률을 나타내는 원소의 합이 1인 즉, $\sum_{j \in S} P_{ij}^{(t,t+1)} = 1$인 행렬을 말한다. 여기서 S는 전체 상태공간(state space)의 집합을 말하며, $P_{ij}^{(t,t+1)}$란 t과 $t+1$의 시간 사이에 상태공간 i에서 상태공간 j로 갈 확률을 말한다.

서 분포도 같은 경우, 즉 $\prod_{i=1}^{n} F_{X_i}(x_i)$가 아니라 F_X가 동일하게 나타나는 $\prod_{i=1}^{n} F_X(x_i)$의 경우는

$$F_{\underline{X}}(\underline{x}) = \prod_{i=1}^{n} F_X(x_i)$$[36]

가 되며, 이를 독립항등분포(independently and identically distributed ; $i.i.d.$)의 확률과정이라 한다.[37]

1.4.2 이항확률과정

이항의 확률과정, 즉 이항확률과정은 이항분포의 성질을 가진 확률과정으로서, 이러한 이항과정에 대한 일반식은

$$P[X_n = \alpha] = p_i$$

또는

---

36 즉, $\prod_{i=1}^{n} F_{X_i}(x_i)$ 중에서 분포가 X로 동일한 $\prod_{i=1}^{n} F_X(x_i)$만이 독립항등분포의 성질을 가진다.

37 사후적 확률(posterior probability)이 사전적 확률(prior probability)에 조건부인 경우에는, $P(B \mid A) = \dfrac{P(A \cap B)}{P(A)}$의 베이지안 정리(Bayes' rule)가 적용된다. 여기서 $P(A \cap B)$를 결합확률(joint probability)이라 한다.

$$P[X_n = \beta] = 1 - p_i$$

이다.

이항확률과정의 근원인 이항분포의 근원은 베르누이분포(Bernoulli distribution)인

$$B(1, p)$$

인데[38], 베르누이분포란 모든 시행마다 성공확률이 $p(= 1-q)$인 확률분포를 말한다. 베르누이분포의 모든 시행은 독립항등분포($i.i.d.$)[39]를 전제로 한다.

이러한 독립항등분포의 성질을 가진 베르누이분포 중, 성공하면 $X=1$이고 실패하면 $X=0$이라고 한 상태에서 n번 시행해 r의 성공을 할 경우의 확률을 이항확률(binominal probability)이라 한다.[40] 이항확률의 확률함수는

---

38 이를 정리하면 다음과 같다. 베르누이분포의 특수한 형태가 이항분포인데, 이항분포의 성질을 가진 시간적 확률변수 X_t의 집합을 이항확률과정, 또는 이항과정이라 하는 것이다.

39 독립항등분포는 1.4.1에서 설명한다.

$$f(r)$$

$$= {}_nC_r\ p^r\ q^{n-r}$$

$$= {}_nC_r\ p^r\ (1-p)^{n-r}$$

의 성질을 가진다.

1.4.3 이항분포의 적률생성함수

이항분포인

$$f(x) = {}_nC_x\ (p)^x\ (1-p)^{n-x}$$

의 적률생성함수를 설명한다는 것은 이항분포가 정규분포의 성질, 즉

$$N(np,\ npq)$$

---

40 이는 이항분포(binominal distribution)인 $B(n, p)$에 대한 확률함수이다.

의 성질을 가지게 되는가를 증명하는 것이다. 보론 2에서 설명한 적률생성함수를 이용하여, 이제 이항분포의 적률생성함수를 설명해보기로 한다.

위의 이항분포를 적률생성함수인

$$E[e^{tx}] = \sum_{.n=0}^{\infty} [e^{tx} \cdot f(x)]$$

의 공식에 적용하면,

$$M(t)$$

$$= E[e^{tx}]$$

$$= \sum e^{tx} \cdot f(x)$$

$$= \sum e^{tx} \cdot {}_nC_x (p)^x (1-p)^{n-x}$$

$$= \sum {}_nC_x (pe^t)^x (1-p)^{n-x}$$

가 된다. 그런데

$$\sum {}_nC_x\ b^x\, a^{n-x} = (a+b)^n$$

의 성질을 가지고 있으므로, 위의 식은

$$\sum {}_nC_x\ (pe^t)^x\,(1-p)^{n-x}$$

$$= [(1-p)+pe^t]^n$$

이 된다. 여기서

$$M(t) = [(1-p)+pe^t]^n$$

을 1차와 2차로 미분하면, 평균과 분산을 구할 수 있다. 즉

$$M'(t)$$

$$= n[(1-p)+pe^t]^{n-1}(pe^t)$$

이며

$M''(t)$

$= n[(1-p) + pe^t]^{n-1}(pe^t) + n(n-1)[(1-p)+pe^t]^{n-2}(pe^t)^2$

인 상태에서,

$$t = 0$$

을 대입하면, 평균과 분산을 구할 수 있는 것이다.[41] 그리하여 평균은

μ

$= M'(0)$

$= n[(1-p) + pe^0]^{n-1}(pe^0)$

$= n[1]^{n-1}(p)$

41 보론 2에서 평균은 $\mu = M'(0)$라 하고, 분산은 $\sigma^2 = M''(0) - \mu^2$라 하였다.

$$= np$$

이며, 분산은

$$\sigma^2$$

$$= M''(0) - \mu^2$$

$$= [np + n(n-1)p^2] - (np)^2$$

$$= np(1-p)$$

$$= npq$$

가 된다. 그리하여 이항분포 $b(n, p)$는 정규분포 $N(np, npq)$가 된다는 것을 적률생성함수의 수학적 법칙을 이용하여 증명하였다.

이와 같이 이항분포는 표본수가 많을 때 정규분포가 된다는 것은 [그림 1-1]에서와 같이 실제의 조사에서도 볼 수 있다.

[그림 1-1]

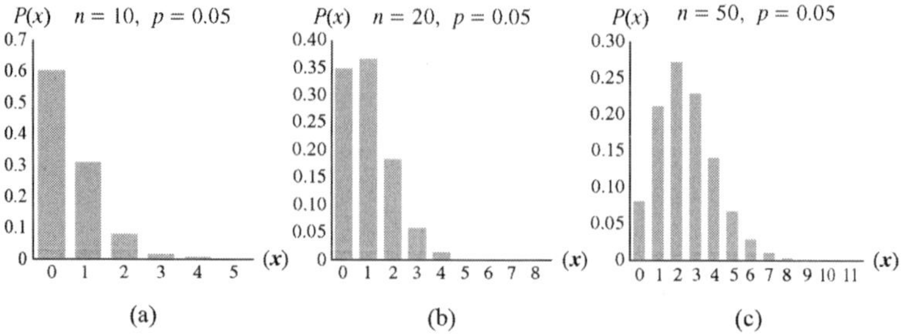

참조 : Groebner/Shannon/Fry/Smith(2001), 167.

이와 같이 이항확률함수가 수학적으로 정규분포를 따른다는 것을 증명하였기 때문에, 이항확률과정에서 개념적으로 파생된 브라운운동은 당연히 정규분포의 성질을 가지게 되는 것이다.

참조

DeGroot · Schervish(2008), 101–197, 282–291;

Groebner · Shannon · Fry · Smith(2001), 156–167;

Hogg · Craig(1978), 48–55, 109–117;

Hogg · Tanis(2006), 169–216;

Leon–Garcia, A.(2008), 153–302;

Rachev · Hsu · Bagasheva · Fabozzi(2008), 10–21;

Trivedi, K. S.(2002), 300–314;

Wackerly · Mendelhall · Scheaffer(2008), 370–382;

안상형 · 이명호(1994), 129–145;

안승철 · 이재원 · 최원(2006), 181–259;

유동선(2000), 338–346;

윤기중(1981), 104–127, 150–207;

이재성(2010), 57–111;

이종원(1994), 163–175, 233–263;

임종원(1981), 141–156;

전종우 · 손건태(2005), 40–103.

추정과 검정

2.1 추정

2.1.1 추정의 조건

추정(estimation)이란 모집단에서 추출한 표본집단을 분석하여 모집단의 모수를 예측하는 과정이다. 이와 같이 표본집단과 모집단의 관계 속에서 수량을 분석하는 통계방법을 추측통계법(inferential statistic method)이라 한다. 추측통계법이란 모집단에서 추출된 표본집단의 특성에 의거하여 모집단의 특성을 추론하는 통계방법이며, 표본집단의 여러 통계량으로 모집단의 특성을 구하기에 귀납통계법(inductive statistic method)이라고도 한다.[1]

표본집단의 통계량을 통해 모집단의 모수를 추정하는데, 이렇게 추정된 모수는 진정한 모집단의 모수가 아니라, 추청된 모수일

---

1 표본집단과 모집단의 관계 속에서 수량을 분석하는 추측통계법에 비해, 모집단이든 표본집단이든 개별적으로 연구대상의 자료를 수집하고 분석하여 그 특성치를 찾는 통계방법을 기술통계법(descriptive statistic method)이라 한다. 즉, 기술통계법에서는 모집단에서도 대표치, 산포도, 왜도 및 첨도와 같은 특성치를 찾으며, 표본집단에서도 대표치, 산포도, 왜도 및 첨도와 같은 특성치를 찾는 것을 목적으로 한다. 기술통계학에서 모집단에서는 대표치, 산포도, 왜도 및 첨도와 같은 특성치를 모수라 하며, 표본집단에서의 그런 특성치를 통계량(statistic)이라 한다. — 기술통계학에서 모집단의 특성치를 모수라 하는 것은 추측통계학에서 모집단의 특성치를 모수라 하는 경우와 당연히 같다.

뿐이다. 이와 같이 모집단의 진실된 모수에 비해, 표본집단의 통계량을 통해 추정한 모수를 추정량이라 한다.2

2.1.1.1 불편성

편중성이 없다는 말의 불편성(unbiasedness : 不偏性)이란 어떤 표본집단의 통계량으로 모집단의 모수를 추정하는 상태에서, 표본집단의 통계량으로 모집단의 모수를 추정량이 모집단의 진정한 모수와 동일해야 한다는 것이다. 즉, 불편성이란 모집단의 모수에 대한 추정량 $\hat{\theta}$의 기대치 $E(\hat{\theta})$가 있을 때, 추정량의 기대치 $E(\hat{\theta})$와 그에 대응하는 모집단의 진정한 모수 θ와의 동일성을 말한다. 즉, 표본의 추정이 [그림 2-1]와 같이

$$bias = E(\hat{\theta}) - \theta = 0$$

일 때, 그 표본의 추정은 편중성이 없어, 불편하다고 한다.3

---

2 이론적인 추정량에 대해 어떠한 조사에서 실제로 표본집단의 통계량으로 구한 모수를 추정치(estimate)라고 하는데, 용어가 너무 많아 더 어려워질 수 있는 가능성이 있기에 본서에서는 이해의 편의를 돕기 위해 추정량과 추정치를 구별하지 아니하고 혼용하기로 한다.

3 추정량 중에서 편중성이 없는, 즉 불편성의 추정량을 불편추정량(unbiasedness estimator)이라 한다. 이는 차이분석을 하는 모집단 평균과의 관계를 주로 말한다.

[그림 2-1]

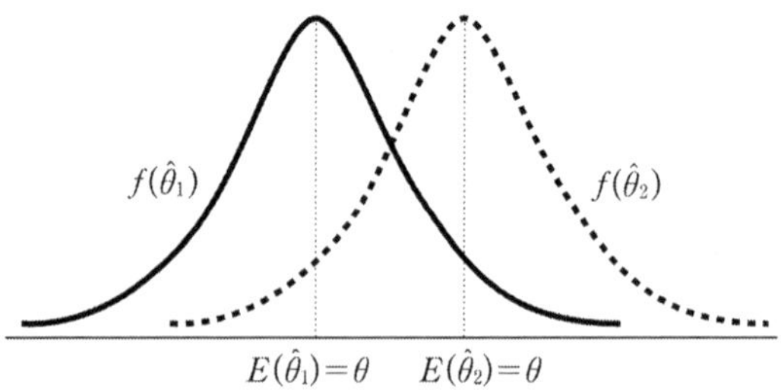

참조 : Gujarati · Porter(2009) 988.

표본집단에서 추정된 정규분포의 평균이 모집단에 대한 정규분포의 평균과 동일하여, 모집단에 대한 정규분포의 평균보다 다른 편중성을 갖지 말아야 한다는 것이다. 즉, 표본집단에서 추정된 정규분포의 평균이 모집단에 대한 정규분포의 평균과 동일할 때, 표본집단은 불편성을 가진다고 한다.

2.1.1.2 효율성

표본집단에서 추정된 정규분포의 평균이 모집단에 대한 정규분포의 평균과 동일하여 불편성이 존재하지만, 추정량의 값에 대한 산포도(degree of scattering)[4]에 많은 차이가 있어, 모양이 서로 달라 보일 때가 많다. 효율성(efficiency)이란 모집단 평균에

4 산포도란 평균에서 흩어진 정도를 말하는 것으로서, 분산 σ^2과 관련이 있다.

대한 불편성을 가지는 추정 중에서 어느 형태의 산포도를 가지는 것이 더 나은가를 보는 것이다.[5] 그리하여 [그림 2-2]의 $f(\hat{\theta_1})$과 같이 가장 작은 분산을 가질 때, 추정의 효율성이 높다고 보는 것이다.[6]

[그림 2-2]

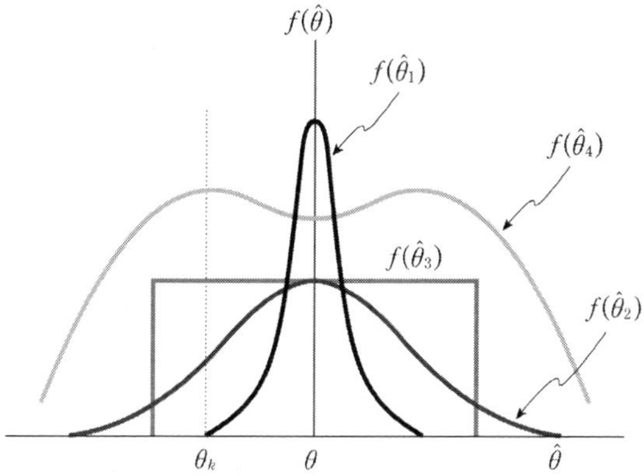

참조 : 이종원(1994), 277.

평균에 대한 불편성이 없는 추정량 중에 분산의 차이가 원인이 되는 효율성을 판단할 때에는, 추정량의 상대적 효율성을

5 효율성이 좋은 추정량을 최량추정량(best estimator)이라 한다.

6 표본집단의 평균으로 추정한 추정량이 모집단 평균 θ에 대한 불편성을 가지더라도, 흩어진 정도에 따라 효율성이 달라진다. 추정량의 분포 $f(\hat{\theta_1})$이 분산 σ^2이 가장 작아 가장 효율성이 높고, 추정량의 분포 $f(\hat{\theta_4})$가 가지는 효율성이 가장 낮다. $f(\hat{\theta_3})$는 특이한 분산을 가진 추정량의 분포이다. $f(\hat{\theta_5})$는 편중성이 심하여, 추정량으로 적당하지 않다.

측정하는

$$k = \frac{Var(\hat{\theta_2})}{Var(\hat{\theta_1})} = \frac{E[(\hat{\theta_2} - \theta)^2]}{E[(\hat{\theta_1} - \theta)^2]}$$

를 사용한다.[7] 상대적 효율성의 값(k)이 1보다 크다면 $\hat{\theta_1}$의 분산이 $\hat{\theta_2}$의 분산보다 작다는 뜻이다. 상대적 효율성의 값이 1보다 커 $\hat{\theta_1}$의 분산이 $\hat{\theta_2}$의 분산보다 작다면, $\hat{\theta_1}$의 효율성이 크다는 의미이다. 반대로, 상대적 효율성의 값이 1보다 작으면 $\hat{\theta_2}$가 효율성이 큰 추정량이 되는 것이다.

지금부터는 불편성과 효율성의 관계를 알아보기로 한다. 먼저 효율성의 측면에서만 추정의 원리를 보기로 하는데, 산포도를 측

7 왜냐하면 효율성의 결정기준이 분산인데, 분산의 비교는 차이분석을 하는 평균과는 달리 비율분석이 가능하다. 이는 2.2.3에서 설명하는 검정에 있어서의 분산에 대한 비율분석의 경우와 동일하다.
$F(= \frac{\sum(\bar{x_j} - \mu)^2 / df_b}{\sum\sum(x_{ij} - \bar{x_j})^2 / df_w})$의 발상도 여기에서 나온 것이다.

정하는 방법은 표준편차인

$$\sqrt{E\ (\theta - \hat{\theta})^2}$$

가 제일 작게 나오는 방법이 가장 효율성이 있다고 판단한다. 이를 평균평방오차(mean squared error ; *MSE*)를 이용하여 설명하기로 한다. 즉, 산포도와 관련된 식인

$$
\begin{aligned}
& MSE \\
& = E\ [(\hat{\theta} - \theta)^2] \\
& = E\ [\ [\ (\hat{\theta} - E[\hat{\theta}]) + (E[\hat{\theta}] - \theta)\ ]^2\ ] \\
& = E\,[\,[\,(\hat{\theta} - E[\hat{\theta}])^2\ ]\ \ +\ \ (E[\hat{\theta}] - \theta)^2 \\
& = Var(\hat{\theta}\,)\ +\ (E[\hat{\theta}] - \theta)^2
\end{aligned}
$$

인데, 이 식의 뜻은 분산인 $Var(\hat{\theta}\,)$나 편기(偏倚)의 제곱인 $(E[\hat{\theta}] - \theta)^2$보다는, 이 둘을 합한 *MSE*가 더 중요하다는 것이

다.[8] 즉, MSE가 작은 추정량이 가장 효율성이 있다는 것이며, 이것이 최량추정량이 된다는 것이다.[9]

여기서 $MSE(\hat{\theta})$가 작은 최량추정량 중에서도, 최량추정량의 내부인 $\hat{\theta}$이 무엇인가에 따라 효율성이 더 커질 수가 있다. 즉,

$$E[\hat{\theta}] - \theta = 0$$

을 가정한 불편추정량인 상태의 최량추정량인 $MSE(\hat{\theta})$ 중에서도 최량추정량의 내부인 $\hat{\theta}$이 s^2인가 $\widehat{\sigma^2}$인가에 따라 $MSE(\hat{\theta})$이 달라진다는 것이다. 여기서 s^2인가 $\widehat{\sigma^2}$인가에 따른 $MSE(\hat{\theta})$은

$$MSE(s^2)$$

$$= Var(s^2) + (E[\widehat{s^2}] - s^2)^2$$

$$= Var(s^2) + 0$$

---

8 편의의 제곱인 $(E[\hat{\theta}] - \theta)^2$이 없어져 $(E[\hat{\theta}] - \theta)^2 = 0$이 되면, 불편추정량이 된다. $E[\hat{\theta}] - \theta$는 편의이고, $\hat{\theta} - \theta$는 오차이며, $E[\hat{\theta}] - \hat{\theta}$는 편차이다.

9 분산분석에서 검정통계량을 $F(=\frac{MSB}{MSW})$로 쓰는 이유도, 이와 같이 MSE가 최량추정량이기 때문이다.

$$= \frac{2\sigma^4}{\nu} + 0$$

$$= \frac{2\sigma^4}{n-1}$$

과

$$MSE(\widehat{\sigma^2})$$

$$= Var(\widehat{\sigma^2}) + (E[\widehat{\sigma^2}] - \sigma^2)^2$$

$$= \frac{2(n-1) \cdot \sigma^4}{n^2}$$

이다.[10] 여기서 $MSE(s^2)$와 $MSE(\widehat{\sigma^2})$의 크기를 비교하면,

$$MSE(\widehat{\sigma^2}) < MSE(s^2)$$

인데, 이를 증명하면 다음과 같다.

즉, $MSE(\widehat{\sigma^2})$는

$$MSE(\widehat{\sigma^2}) = \frac{2(n-1) \cdot \sigma^4}{n^2}$$

10 여기서 ν은 자유도이며, 복잡한 증명은 문맥상 생략한다.

의 의미를 가지는데,

$$\frac{2(n-1) \bullet \sigma^4}{n^2} < \frac{2n \bullet \sigma^4}{n^2}$$

이다. 여기서

$$\frac{2n \bullet \sigma^4}{n^2} = \frac{2\sigma^4}{n}$$

로 약분된 것은

$$\frac{2\sigma^4}{n} < \frac{2\sigma^4}{n-1}$$

이다. 그런데

$$\frac{2\sigma^4}{n-1} = MSE(s^2)$$

로 칭한다. 이를 종합하면

$$MSE(\widehat{\sigma^2}) = \frac{2(n-1)\cdot\sigma^4}{n^2} \langle \frac{2n\cdot\sigma^4}{n^2} = \frac{2\sigma^4}{n} \langle \frac{2\sigma^4}{n-1}$$

$$= MSE(s^2)$$

이기에,

$$MSE(\widehat{\sigma^2}) \langle MSE(s^2)$$

가 증명된다. 즉, [그림 2-3]과 같이 $MSE(s^2)$보다 $MSE(\widehat{\sigma^2})$이 더 효율성이 있는 것이어서, 불편추정량인 상태의 최량추정량인 $MSE(\hat{\theta})$ 중에서도, $MSE(\widehat{\sigma^2})$이 더 효율성이 있는 것이다.[11]

그런데 대부분의 서적에서는 $MSE(\widehat{\sigma^2})$이 아닌 $MSE(s^2)$을

11 이와 같이 불편추정량이면서 최량추정량인 것을 최량불편추정량(best unbiasedness estimator)이라 하며, 그중에서도 선형인 상태의 최량불편추정량을 최량선형불편추정량(best linear unbiasedness estimator ; *BLUE*)라 한다. 선형이 중요한 것은 1차원의 선형일 때가 2차원이나 다차원의 곡선형보다 효율성이 더 크기 때문이다. 즉, 선형은 효율성을 말하는 최량성에 관계하는 것이지, 불편성과는 관계없다. 그리고 평균에 대한 모수추정량($\hat{\theta}$)인 $\bar{x}$는 *BLUE*이지만, 분산에 대한 모수추정량($\hat{\theta}$)인 s^2는 선형이 아니어서 *BLUE*가 될 수 없다. — 이와 관련하여, 선형회귀분석의 최소자승법으로 얻은 최소자승추정량(least squared estimator ; *LSE*)인 $\hat{\beta}$은 *BLUE*이다. *LSE*에는 *OLS*(ordinary least squares), *GLS*(generalizes least squares), *WLS*(weighted least squares)가 있다.

사용하고 있는데, 전술한 바와 같이 $MSE(\widehat{\sigma^2})$이 더 효율성이 있음에도 불구하고 $MSE(s^2)$를 사용하는 이유는 $MSE(s^2)$가 $MSE(\widehat{\sigma^2})$보다 더 편중성이 없기 때문이다. 앞에서 추정의 원칙인 불편성과 효율성을 말하면서, 추정에는 불편성이 효율성에 앞선 조건이라고 말했었다.[12]

[그림 2-3]

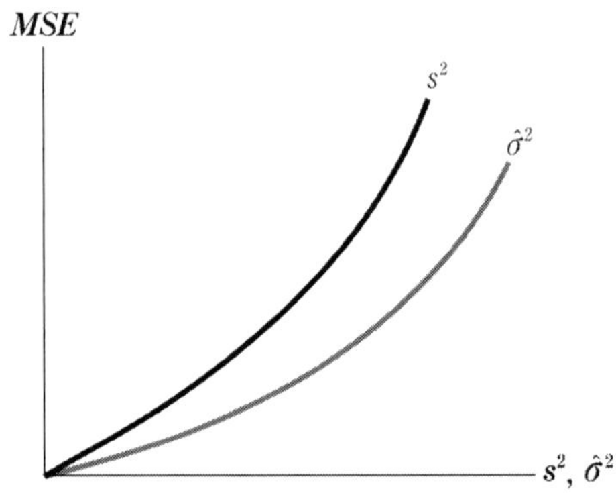

참조 : 이종원(1994), 282.

2.1.1.3 일치성

일치성(consistency)이란 표본집단의 크기가 커짐에 따라 모수에 대한 편중성이 사라지는 추정의 성질을 말한다. 즉, [그림 2-4]에서 보듯이, 표본집단의 크기가 커짐에 따라 표본집단의

12 불편성은 효율성에 비교하는 우선성의 문제가 아니라, 추정의 전제조건이 될 정도로 중요하다.

정량이 모집단의 모수에 일치하는 성질이 있다는 것이다. 일치성은 표본집단의 크기가 커짐에 따라 θ와 추정치 $\hat{\theta}$가 같아진다는 말인데, 이는 수리적으로

$$\lim_{n \to \infty} P(\theta - \epsilon \le \hat{\theta}_n \le \theta + \epsilon) = 1$$

와 같이 표현한다.[13]

[그림 2-4]

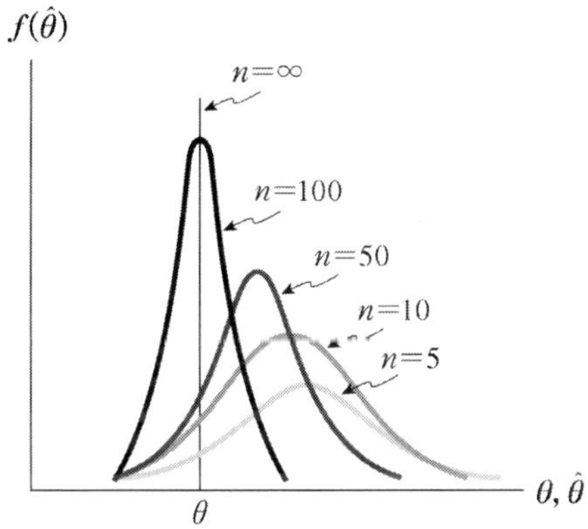

참조 : 이종원(1994), 284.

큰 표본 특성의 추정에 대한 증명은 다음과 같이 체비세프 부등식(Chebyschev's inequality)의 도움을 받는다. 즉, 일치성의 식은

13 여기서 ϵ는 아주 작은 양수이다.

$$\lim_{n \to \infty} P(\theta - \epsilon \le \hat{\theta}_n \le \theta + \epsilon) = 1$$

인데, 이는

$$\lim_{n \to \infty} P(|\hat{\theta}_n - \theta| \ge \epsilon) = 0$$

와 동일하다.[14]

여기서 체비셰프의 부등식은

$$P(|x_i - \mu| \ge k\sigma) \le \frac{1}{k^2}$$

인데[15], 추정에서는

$$P(|\hat{\theta}_n - E(\hat{\theta}_n)| \ge k\sigma) \le \frac{1}{k^2}$$

---

14 체비셰프의 부등식은 대수의 법칙(law of large numbers)을 설명하는 데 필요한 것이며, 대수의 법칙은 어떤 형태의 표본집단이라도 표본집단의 크기가 커지면 표본집단의 평균은 모집단의 평균과 같아진다는 법칙이다. 그리고 체비셰프의 부등식의 자세한 설명은 문맥상 여기에서 생략한다.

15 체비셰프 부등식은 $k \ge 1$일 때 확률변수 x_i의 평균이 μ이고 분산이 σ^2인 경우에 대한 부등식이다.

로 바꾸어도 무방하다. 여기서

$$k\sigma = \epsilon$$

즉,

$$k = \frac{\epsilon}{\sigma}$$

라고 하면, 추정에 대한 체비세프의 부등식

$$P\left(\left|\widehat{\theta_n} - E(\widehat{\theta_n})\right| \geq k\sigma\right) \leq \frac{1}{k^2}$$

은

$$P\left(\left|\widehat{\theta_n} - E(\widehat{\theta_n})\right| \geq \epsilon\right) \leq \frac{\sigma^2}{\epsilon^2}$$

가 된다. 그런데

$$E\left[(\widehat{\theta_n} - \theta)^2\right]$$

$$= E\left[\left[(\widehat{\theta_n} - E[\widehat{\theta_n}])^2\right] + (E[\widehat{\theta_n}] - \theta)^2\right.$$

$$= Var(\widehat{\theta_n}) + (E[\widehat{\theta_n}] - \theta)^2$$

이므로,

$$E[(\widehat{\theta_n} - \theta)^2] \geq (E[\widehat{\theta_n}] - \theta)^2$$

가 된다.[16] 이는

$$\left|\widehat{\theta_n} - \theta\right| \geq \left|\theta - E(\widehat{\theta_n})\right|$$

가 되고, 또한

$$\left|\widehat{\theta_n} - \theta\right| \geq \epsilon - \left|\theta - E(\widehat{\theta_n})\right|$$

가 된다.[17] 그리하여 추정에 대한 체비세프의 부등식

$$P\left[\left|\widehat{\theta_n} - \theta\right| \geq \epsilon - \left|\theta - E(\widehat{\theta_n})\right|\right] \leq \frac{\sigma^2}{\epsilon^2}$$

이 성립한다. 이제

---

16 왜냐하면 $E[[(\hat{\theta} - E[\hat{\theta}])^2]$과 $(E[\hat{\theta}] - \theta)^2$ 는 양수이기 때문이다.

17 물론 이는 $\left|\widehat{\theta_n} - \theta\right| + \left|\theta - E(\widehat{\theta_n})\right| \geq \epsilon$ 와 동일하다. 그리고 $n \to \infty$이면 평균에 대한 $\left|\theta - E(\widehat{\theta_n})\right| = 0$이 되어, $\left|\widehat{\theta_n} - \theta\right| \geq \epsilon$가 된다.

$$n \to \infty$$

이면,

$$\lim_{n\to\infty} P(\theta - \epsilon \leq \hat{\theta}_n \leq \theta + \epsilon) = 1$$

이 되어, 표본집단의 크기가 커짐에 따라 모수에 대한 편중성이 사라진다는 일치성이 증명된다.[18]

지금까지 수리적으로 전개한 대표본 특성으로서의 일치성은 결국 다음과 같은 점근적 불편성(asymptotic unbiasedness)의 성격을 보인다. 즉, 표본집단의 크기가 작았을 때에는 표본집단의 평균은 모집단의 평균과 편중성이 생겨 표본집단의 평균은 모집단의 평균이 다른데, 표본집단의 크기가 커짐에 따라 표본집단의 평균이 모집단의 평균에 가까워져 불편추정성이 발생한다는 것이다.

---

18 이 과정은 $P(|x_i - \mu| \geq k\sigma) \leq \frac{1}{k^2}$의 체비세프의 부등식을 이용하여 $\lim_{n\to\infty} P[\mu - \delta < \frac{1}{n}\sum_{i=1}^{n} x_i < \mu + \delta] = 1$의 과정을 거치는 대수의 법칙을 유도하는 과정과 동일하다. 이의 과정은 매우 복잡하고 길어, 본서에서는 문맥상 생략 한다.

이는 표본집단의 크기가 커지면, 표본집단의 추정량은 점근적으로 불편추정성이 생겨

$$\lim_{n \to \infty} E(\widehat{\theta_n}) = \theta$$

가 된다는 의미이다. 이는 확률변수 x_i에 대한 표본집단의 평균과 분산에 모두 적용된다.

예를 들어, 표본집단의 크기가 n인 어떠한 1개의 표본집단에서 확률변수 x_i에 대한 평균을 조사한 결과가

$$\widehat{x_i} = \frac{n}{n-1} \cdot \overline{x}$$

이 나왔다고 한다면, 이는 잘못된 것이다. 그런데 표본집단의 크기(n)가 무한대로 커지면

$$E(\widehat{x_i}) = 1 \cdot \overline{x}$$

가 된다.[19]

이번에는 분산에 대한 예를 들어, 표본집단의 크기가 n인 어

떠한 1개의 표본집단에서 확률변수 x_i에 대한 분산을 조사한 결과

$$E(s_{x_i}^2) = (\frac{n-1}{n}) \cdot s^2$$

이 나왔다고 한다면[20], 이 또한 잘못된 것이다.[21] 같은 방법으로, 표본집단의 크기(n)가 무한대로 커지면

$$E(\widehat{s^2}) = 1 \cdot s^2$$

가 된다.[22]

요컨대 표본집단의 크기(n)가 무한대로 커지면, 표본집단의 추정량은 점근적 불편추정성이 생겨

---

19 $\lim_{n\to\infty}\frac{n}{n-1} = \lim_{n\to\infty}\frac{\frac{n}{n}}{\frac{n-1}{n}} = \lim_{n\to\infty}\frac{1}{1-\frac{1}{n}} = \frac{1}{1-0} = 1$이다.

20 $s_{x_i}^2$란 확률변수 x_i에 대한 표본집단의 분산이다.

21 왜냐하면 모집단 평균에 대한 추정량은 $\bar{x}$이고, 모집단 분산에 대한 추정량은 s^2이다.

22 $\lim_{n\to\infty}\frac{n-1}{n} = \lim_{n\to\infty}1-\frac{1}{n} = 1-0 = 1$이다.

$$\lim_{n \to \infty} E(\widehat{\theta_n}) = \theta$$

가 된다는 것이다.[23]

2.1.2 추정의 종류

추정의 종류에는 단일치(single value)를 찾는 점추정과 구간치(range value)를 찾는 구간추정이 있다.

2.1.2.1 점추정

점추정(point estimation)은 표본집단의 한 점만을 이용하여 모집단의 모수에 대한 추정치로 삼는 방법이다. 이에는 최대우도 추정량(maximum likelihood estimator ; MLE)에 대한 방법 등이 있다.[24] 우도(尤度 : likelihood)란 표본집단통계의 한 점 중에

23 위의 불편성, 효율성 및 일치성이라는 세 가지의 조건 외에도 충족성(sufficiency)을 포함하기도 한다. 충족성이란 표본의 추정방법이 표본자료의 정보를 충분히 반영해 주는가를 보는 것이다. 표본자료의 정보가 모두 활용되는 평균이나 분산과는 달리, 표본자료의 서열이나 빈도수만을 이용하는 중앙값이나 최빈값은 표본자료의 정보를 충분히 반영해 주지 못한 것으로 나타난다. 그러나 충분성은 위의 세 조건과 성질상 겹치는 것이 많아, 많은 경우 생략하기도 한다. 이에 본서에서도 충분성에 대한 설명을 생략한다.

24 최대우도추정량 방법 외에도 최소자승법과 적률법이 있으나, 이해의 편의상

서 어떠한 추정치가 그 점에 대응하는 모집단의 모수에 가까운가를 말하는 것으로서, 최대우도는 모집단에 가장 가까운 정도를 말한다.[25] 그리하여 최대우도추정치(최우추정치)는 모집단에 가장 가까운 표본집단의 추정치를 말한다.[26]

모수가 θ인 모집단에서 크기가 n인 표본집단 $X_1, X_2, \cdots, X_n$을 추출하였다고 할 때[27], 이러한 n개의 표본집단 $X_1, X_2, \cdots, X_n$의 결합밀도함수(joint density function)는

$$f(x_1, x_2, \cdots, x_n; \theta)$$

본서에서는 이 둘을 생략한다.

25 결국 2.1.1.2에서 말하는 *BLUE*는 추정의 요건에 대한 것이며, 여기서 말하는 *MLE*는 점추정의 하나로서 모집단에의 근접정도에 대한 것이다. 통계의 목표는 *MLE*인데, 추정의 최적요건인 *BLUE*가 되면 모집단에 최근접한 *MLE*가 된다.

26 표본집단의 한 점만을 이용하여 모집단의 모수에 대한 추정치로 삼는 점추정에는 최대우도추정치가 대표적이다. 최대우도추정치의 방법에 의하면, 표본집단통계의 한 점인 표본평균의 평균인 $E(\overline{X}) = \mu$이나 표본평균의 분산 $\sigma_{\bar{x}}^{\ 2} = \frac{1}{n}\sigma^2$이 모집단의 평균($\mu$)이나 분산($\sigma^2$)에 가장 가깝다고 추정된다.

27 보통 표본집단을 다룰 때, 편의상 이와 같이 n개의 표본집단 $X_1, X_2, \cdots, X_n$이 존재한다고 가정할 뿐 아니라, 표본집단 $X_1, X_2, \cdots, X_n$는 각각 n개의 표본을 가진다고 가정한다.

$$= f(x_1;\theta) \cdot f(x_2;\theta) \cdot \cdots \cdot f(x_n;\theta)$$

$$= \prod_{i=1}^{n} f(x_i;\theta)$$

가 된다.[28]

이러한 결합밀도함수는 모집단에 가장 가까운 정도가 되는 최대우도추정치를 찾을 수 있는 근거가 되기에, 우도함수가 된다. 즉 결합밀도함수로서의 우도함수는

$$L(\theta)$$

$$= f(x_1, x_2, \cdots, x_n;\theta)$$

$$= \prod_{i=1}^{n} f(x_i;\theta)$$

---

28 $\prod$는 곱하기 연산자이며, $\prod_{i=1}^{n} f(x_i)$란 n개의 $f(x_i)$값을 곱한 결합확률함수를 말한다. 이러한 우도함수는 계산하기가 복잡하여, 이 장에서와 같이 ln을 친 후 계산하는 것이 편리하다. 그리고 $f(x_1, x_2, \cdots, x_n;\theta)$를 모수를 고려하지 않고 $f(x_1, x_2, \cdots, x_n)$로 쓰기도 한다.

$$= L(x_1, x_2, \cdots, x_n : \theta)$$

로 표시할 수 있다.

표본집단 $X_1, X_2, \cdots, X_n$ 이 모집단에 가장 가까워지면 위의 우도함수가 최대로 되어, 최대우도추정량을 찾을 수 있다. 최대우도추정량(*MLE*)을 찾는 것이 점추정의 목적인데, 우도함수를 최대로 하는 모수추정량($\hat{\theta}$)을 찾는 것이다. 즉, 우도함수를 최대로 하기 위한 도함수가

$$\frac{d}{d\hat{\theta}} L(\theta) = 0$$

이 되도록 하는 모수추정량을 찾으면 되는 것이다.

모집단의 확률함수가 정규분포라고 하면, 그에 대한 점추정은 다음과 같이 전개된다. 정규분포인 경우, 우도함수는

$$L(x_1, x_2, \cdots, x_n : \mu)$$

$$= \prod_{i=1}^{n} f(x_i; \theta)$$

$$= \prod_{i=1}^{n} \frac{1}{\sigma\sqrt{2\pi}} \exp[-\frac{(x_i-\mu)^2}{2\sigma^2}]$$

로 표시할 수 있다. 양변에 ln을 쳐도 동일하므로,[29]

$$\ln[L(x_1, x_2, \cdots, x_n : \mu)]$$

$$= \ln[\frac{1}{\sigma^n\sqrt{2\pi^{\frac{n}{2}}}} \exp[-\frac{1}{2}\sum\frac{(x_i-\mu)^2}{\sigma^2}]$$

$$= \ln(\frac{1}{\sigma^n}) + \ln(\frac{1}{2\pi})^{\frac{n}{2}} - \frac{1}{2}\sum(\frac{x_i-\mu}{\sigma})^2$$

$$= -n(\ln\sigma) - \frac{n}{2}\ln(2\pi) - \frac{1}{2\sigma^2}\sum(x_i-\mu)^2$$

가 된다. 여기서 우도함수를 최대로 하기 위해, 전술한

$$\frac{d}{d\hat{\theta}}L(\theta) = 0$$

의 식이 되어야 하는데, 이를 위해서는 라그랑제 승수법을 이

29 ln은 natural logarithm(자연로그)의 준말이다. 이에 비해 log는 common logarithm(상용로그)의 준말이다. 상용로그 정의에 따르면 $y = e^x$는 $x = \log_e y$와 동일하다. 상용로그의 $x = \log_e y$를 자연로그를 써서, 보통 $x = \ln y$로 표시한다.

용하면 된다. 즉

$$L = -n(\ln\sigma) - \frac{n}{2}\ln(2\pi) - \frac{1}{2\sigma^2}\sum(x_i - \mu)^2$$

식의 모수추정량($\hat{\theta}$)인 μ와 σ^2 로 편미분하여,

$$\frac{\partial \ln L}{\partial \mu} = 0$$

과 동시에

$$\frac{\partial \ln L}{\partial \sigma^2} = 0$$

을 만족시켜 주어야 한다. 이를 풀면 다음과 같다.

첫째, 정규분포의 모수추정량인 μ에 대한 미분값이 0이 되도록 해야 하므로[30],

$$\frac{\partial \ln L}{\partial \mu}$$

30 전술하였듯이, $\frac{d}{d\hat{\theta}}L(\theta) = 0$이 되도록 하면 된다.

$$= \frac{1}{\sigma^2} \sum (x_i - \mu)^2$$

$$= \frac{1}{\sigma^2} \left(\sum x_i - n\mu \right)$$

$$= 0$$

을 만족시켜야 한다. 즉

$$\frac{1}{\sigma^2} \left(\sum x_i - n\mu \right) = 0$$

이므로, 모수추정량($\hat{\theta}$)으로서의 μ는

$$\mu = \frac{\sum x_i}{n}$$

가 된다. 여기서

$$\frac{\sum x_i}{n} = \overline{x}$$

를 뜻하므로, 모수추정량($\hat{\theta}$)으로서의 μ는

$$\mu = \overline{x}$$

가 된다.

둘째, 정규분포의 σ^2 에 대한 편미분값도 0이 되도록 해야 한다. 즉

$$\ln[L(x_1, x_2, \cdots, x_n : \sigma)]$$

$$= -n(\ln\sigma) - \frac{n}{2}\ln(2\pi) - \frac{1}{2\sigma^2}\sum(x_i - \mu)^2$$

$$= -n(\ln\sigma) - \frac{n}{2}\ln(2\pi) - \frac{1}{2\sigma^2}\sum(x_i - \mu)^2$$

에서

$$\frac{\partial \ln L}{\partial \sigma^2}$$

$$= -\frac{n}{2} \cdot \frac{1}{\sigma^2} + \frac{1}{2\sigma^4}\sum(x_i - \mu)^2$$

$$= 0$$

이므로

$$\sigma^2 = \frac{1}{n}\sum(x_i - \mu)^2$$

가 된다.

$$\frac{1}{n}\sum(x_i - \mu)^2 = s^2$$

이므로, 모수추정량($\hat{\theta}$)으로서의 σ^2 는

$$\sigma^2 = s^2$$

이 된다.

지금까지 점추정과 관계하여 전개한 식의 의미를 말해보면, 다음과 같다. 표본집단 $X_1, X_2, \cdots, X_n$ 이 모집단에 가장 가까워지면 위의 우도함수가 최대로 되기에, 우도함수를 최대로 하는 모수추정량($\hat{\theta}$)을 찾으면 된다. 이를 위해 라그랑제 승수법을 쓴 결과, 표본집단 $X_1, X_2, \cdots, X_n$ 으로 하여금 모집단에 가장 가까워지도록 하는 최대우도추정량(MLE)이 표본집단의 평균($\overline{X}$)과 표본집단의 분산(s^2)이라는 것을 알아냈다.

이러한 최대우도추정량에 대하여 다변량 정규분포의 예를 보면 다음과 같다. 즉, 다변량 정규분포의 확률함수는

$$f(\underline{X}) = \frac{1}{(2\pi)^{\frac{p}{2}} \, |\Sigma|^{\frac{1}{2}}} \exp[-\frac{1}{2} \cdot (\underline{X} - \underline{\mu})' \Sigma^{-1} (\underline{X} - \underline{\mu})]$$

이기에[31], 이의 우도함수는

$$L(\mu, \sum)$$

$$= \frac{1}{(2\pi)^{\frac{np}{2}} \, |\Sigma|^{\frac{n}{2}}} \exp[-\frac{1}{2} \cdot \sum_{j=1}^{n} (\underline{X} - \underline{\mu})' \Sigma^{-1} (\underline{X} - \underline{\mu})]$$

가 된다.[32] 여기서 위 식의 지수부분만을 전개하면

---

31 1변량 정규분포의 식은

$$f(x) = \frac{1}{\sigma\sqrt{2\pi}} \exp[-\frac{1}{2} \cdot \frac{(x-\mu)^2}{\sigma^2}]$$

$$= \frac{1}{\sigma\sqrt{2\pi}} \exp[-\frac{1}{2} \cdot (x-\mu) \cdot (\sigma^2)^{-1} \cdot (x-\mu)]$$

인 반면, 다변량 정규분포의 식은

$$f(\underline{X}) = \frac{1}{(2\pi)^{\frac{p}{2}} \, |\Sigma|^{\frac{1}{2}}} \exp[-\frac{1}{2} \cdot (\underline{X} - \underline{\mu})' \Sigma^{-1} (\underline{X} - \underline{\mu})]$$ 이다.

32 $f(\underline{X}) = \frac{1}{(2\pi)^{\frac{p}{2}} |\Sigma|^{\frac{1}{2}}} \exp[-\frac{1}{2} \cdot (\underline{X} - \underline{\mu})' \Sigma^{-1} (\underline{X} - \underline{\mu})]$ 의 우도함수가 $L(\mu, \sum) = \frac{1}{(2\pi)^{\frac{np}{2}} |\Sigma|^{\frac{n}{2}}} \exp[-\frac{1}{2} \cdot \sum_{j=1}^{n} (\underline{X} - \underline{\mu})' \Sigma^{-1} (\underline{X} - \underline{\mu})]$ 로 되는 이유는, 2.1.2.1에서 서술하듯이 우도함수는 $L(\theta) = \prod_{i=1}^{n} f(x_i ; \theta)$와 같은 결합함수이기 때문이다.

$$-\frac{1}{2} \cdot \sum_{j=1}^{n} (\underline{X} - \underline{\mu})' \Sigma^{-1} (\underline{X} - \underline{\mu})$$

$$= -\frac{1}{2} \cdot \sum_{j=1}^{n} tr[\Sigma^{-1} (\underline{X} - \underline{\mu}) (\underline{X} - \mu)']$$

$$= -\frac{1}{2} \cdot tr[\Sigma^{-1} \sum_{j=1}^{n} (\underline{X} - \underline{\mu}) (\underline{X} - \mu)']$$

인데[33], 최대우도함수를 구하려 하므로

$$-\frac{1}{2} \cdot tr[\Sigma^{-1} \sum_{j=1}^{n} (\underline{X} - \underline{\mu}) (\underline{X} - \mu)']$$

$$= -\frac{1}{2} \cdot np$$

가 된다.[34] 그리하여

$$\max_{(\mu, \Sigma)} [L(\underline{\mu}, \Sigma)]$$

---

33 $tr[\Sigma^{-1} (\underline{X} - \underline{\mu}) (\underline{X} - \mu)']$에서의 tr은 행렬의 트레이스(trace)이다. 트레이스란 대각선 행렬에서 대각선 요소들의 합을 말하는 것으로, $A = [a_{ij}]$가 $n \times n$행렬일 때, $tr(A) = a_{11} + a_{22} + \cdots + a_{nn}$을 말한다.

34 여기서 다변량 정규분포의 최대우도함수를 구하기 위해 최대우도추정량인 $\hat{\underline{\mu}} = \overline{\underline{X}}$과 $\widehat{\sum} = \frac{(n-1)}{n} \underline{S}$을 이용하면, $\underline{S_{p \times p}^{-1}} \cdot n \cdot \underline{S_{p \times p}} = n \cdot I_{p \times p}$이어서 $tr(n \cdot I_{p \times p}) = np$가 된다.

$$= \frac{1}{(2\pi)^{\frac{np}{2}} \, |\hat{\Sigma}|^{\frac{n}{2}}} \exp[-\frac{1}{2} \cdot np]$$

가 된다. 이는 윌크스 Λ의 식인

$$\Lambda = \frac{\max_{(\Sigma)} [L(\underline{\mu_0}, \Sigma)]}{\max_{(\mu, \Sigma)} [L(\underline{\mu}, \Sigma)]}$$

의 분모에 해당된다.[35]

2.1.2.2 구간추정

2.1.2.2.1 모평균의 신뢰구간

모평균에 대한 구간추정에서는 모평균인 μ가 어떠한 구간에 존재할 것인가에 대해 표본평균의 표준화변수 z_s를 이용하여 설명한다.

35 또한 윌크스 Λ식의 분자는 $\max_{(\Sigma)} [L(\underline{\mu_0}, \Sigma)] = \frac{1}{(2\pi)^{\frac{np}{2}} \, |\hat{\Sigma}_0|^{\frac{n}{2}}} \exp[-\frac{1}{2} \cdot np]$ 가 된다.

2.1.2.2.1.1 모분산이 알려진 경우

정규분포 $X\sim(\mu,\sigma^2)$에서 표본평균 $\overline{X_n}$을 기반으로 신뢰도가 $1-\alpha$라 하고 확률구간(random interval)[36]이 $[\overline{X_n}-c_1, \overline{X_n}+c_2]$일 때, 즉

$$P[\overline{X_n}-c_1 \le \mu \le \overline{X_n}+c_2] = 1-\alpha$$

일 때, 모평균 μ의 신뢰구간(confidence interval)을 구해보면 다음과 같다.

위의 식을

$$\sqrt{n}(\overline{X_n}-\mu)/\sigma \sim N(0,1)$$

의 표준정규분포와 관련시킨다면,

$$P\left[\frac{\sqrt{n}\,c_2}{\sigma} \le \frac{\sqrt{n}(\overline{X_n}-\mu)}{\sigma} \le \frac{\sqrt{n}\,c_1}{\sigma}\right] = 1-\alpha$$

이 되는데, 이 때

---

36 확률구간을 구간추정량(interval estimator)이라고도 칭한다. 이러한 구간추정에서의 개념과 달리, 2.1.2.1에서의 점추정에서는 추정량이라고 한다.

$$c_1 \quad = \quad - c_2 \quad = \quad c$$

라 한다면,

$$\sqrt{n}\, c/\sigma \ = \ z_{1-\frac{\alpha}{2}}$$

이 되어, 모평균 μ의 신뢰구간은 [그림 2-5]와 같이

$$\left[\overline{X_n} \ - \ z_{\frac{\alpha}{2}} \frac{\sigma}{\sqrt{n}},\ \overline{X_n} \ + \ z_{\frac{\alpha}{2}} \frac{\sigma}{\sqrt{n}} \right]$$

이 된다.

[그림 2-5]

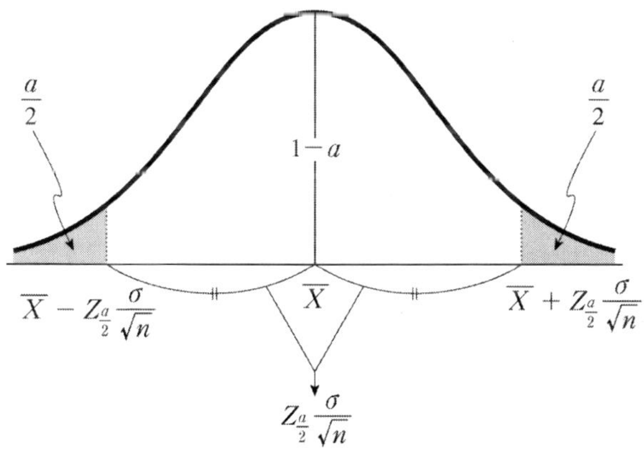

참조 : 이종원(1994), 298.

위의 설명에 대한 수리식의 전개는 다음과 같다. 즉,

$$1-\alpha$$

$$= P[-Z_{\alpha/2} \le Z \le Z_{\alpha/2}]$$

$$= P\left[-Z_{\alpha/2} \le \frac{\overline{X}-\mu}{\alpha/\sqrt{n}} \le Z_{\alpha/2}\right]$$

$$= P\left[-Z_{\alpha/2}\frac{\sigma}{\sqrt{n}} \le \overline{X}-\mu \le Z_{\alpha/2}\frac{\sigma}{\sqrt{n}}\right]$$

$$= P\left[+Z_{\alpha/2}\frac{\sigma}{\sqrt{n}} \ge -(\overline{X}-\mu) \ge -Z_{\alpha/2}\frac{\sigma}{\sqrt{n}}\right]$$

$$= P\left[-Z_{\alpha/2}\frac{\sigma}{\sqrt{n}} \le \mu-\overline{X} \le +Z_{\alpha/2}\frac{\sigma}{\sqrt{n}}\right]$$

$$= P\left[\overline{X}-Z_{\alpha/2}\frac{\sigma}{\sqrt{n}} \le \mu \le \overline{X}+Z_{\alpha/2}\frac{\sigma}{\sqrt{n}}\right]$$

로 전개된다.

2.1.2.2.1.2 모분산이 미지인 경우

전 장의 2.1.2.2.1.1에서 보듯이 모분산이 알려진 경우에는

$$P\left[\overline{X_n} - c_1 \le \mu \le \overline{X_n} + c_2\right] \ge 1 - \alpha$$

는

$$P\left[\mu - c_2 \le \overline{X_n} \le \mu + c_1\right] \ge 1 - \alpha$$

이 되는데, 분산을 모르기에

$$P\left[-\frac{\sqrt{n}\,c_2}{S_n} \le \frac{\sqrt{n}\,(\overline{X_n} - \mu)}{S_n} \le \frac{\sqrt{n}\,c_1}{S_n}\right] \ge 1 - \alpha$$

가 된다.[37]

모분산을 아는 경우에는 표준정규분포와 관련되어 있는데[38], 이 장에서는 모분산을 모르는 경우를 다루기에 표준정규분포 대신 t분포인

$$\sqrt{n}\,(\overline{X_n} - \mu)/S_n \sim t(0,1)$$

을 적용한다. 즉,

$$\sqrt{n}\,c/S_n = t_{1-\frac{\alpha}{2}}(n-1)$$

---

37 분산을 모르는 경우에는, $S_n^2 = \frac{1}{n-1}\Sigma_{i=1}^{n}(X - \overline{X_n})^2$이 적용된다.

38 이때는 $\sqrt{n}\,(\overline{X_n} - \mu)/\sigma \sim N(0,1)$이 적용되었다.

이 되어,

$$c = t_{1-\frac{\alpha}{2}}(n-1)\ \frac{S_n}{\sqrt{n}}$$

이 된다.[39] 그리하여 모분산이 미지인 경우에 대한 모평균 μ의 신뢰구간은

$$\left[\overline{X_n} - t_{1-\frac{\alpha}{2}}(n-1)\frac{S_n}{\sqrt{n}},\ \overline{X_n} + t_{1-\frac{\alpha}{2}}(n-1)\frac{S_n}{\sqrt{n}}\right]$$

이 된다.

2.1.2.2.1.3 모평균 신뢰구간의 예

예를 들어[40], 표본집단을 표준화한 표준정규분포 $S(0,1)$에서 신뢰도가 95%라는 말은 신뢰구간으로 이루어진 표준정규분포의

---

39 2.1.2.2.1.1에서와 같이 $c_1 = -c_2 = c$를 가정한다.

40 모평균에 대한 구간추정은 여러 경우가 있다. 즉, 모분산을 알고 있는 경우와 모분산이 알려지지 않은 경우로 나뉘는데, 후자의 모분산이 알려지지 않은 경우는 또다시 표본 크기가 큰 경우와 표본 크기가 작은 경우로 나뉜다. 게다가 이 세 가지 모두의 경우 양측검정이 있고 또 단측검정이 있다. 단측검정도 우측검정과 좌측검정이 있다. 즉 $9(=3\times3)$가지의 경우의 수리식이 필요한데, 이렇게 되면 9가지 경우의 수리식에 대한 서로 비슷한 것이 반복되고 복잡해서 이해하기에 혼돈이 발생한다. 그리하여 본서에서는 편의를 위해, 예를 들어 구간추정에 대한 이해를 돕고자 한다.

넓이가 0.95라는 의미이다. 즉, 표준정규분포를 가진 확률함수의 총면적이 1(= 100%)인 상태에서 표본집단의 표준화 확률변수 z_s 가 넓이 95%에 대응하는 $\pm z_{95\%}$ (= ± 1.96)의 내에 있다는 것이다. 신뢰도가 95%란 말은[41]

$$p(-1.96 \le z_s \le 1.96) = 0.95$$

표본평균($\overline{X_i}$)에 대한 표준화변수(z_s)가 양측(two-tailed)의 임계치(critical value)인

$$-1.96 \le z_s \le 1.96$$

에 있어, 모평균인 μ를 신뢰할 수 있는 확률넓이가 0.95가 된다는 것이다.[42] 여기서 표본집단의 평균($\overline{X_i}$)에 대한 표준화변수는

---

41 위의 신뢰도와 유의도를 합치면, $F_1(z_s) + F_2(z_s) = 1$이 된다. 신뢰도와 유의도는 동전의 양면과 같으므로, 이제부터는 편의상 신뢰도만 설명한다.

42 원래 모집단의 확률변수(x_i)에 대한 표준화변수 $z_i (= \frac{x_i - \mu}{\sigma})$란 모집단의 확률변수 x_i와 모집단의 평균 μ와의 차이인 오차($x_i - \mu$)를 $x_i \sum$에 대한 표준편차 $\sigma (= \sqrt{\frac{1}{N}\sum[(x_i - \mu)^2 \cdot f_i]})$로 나눈 개념이다. 그리고 표본집단의 평균($\overline{X_i}$)에 대한 표준화변수는 $z_s = \frac{\overline{X} - \mu}{\frac{\sigma}{\sqrt{n}}}$이다.

$$z_s = \frac{\overline{X} - \mu}{\frac{\sigma}{\sqrt{n}}}$$

이므로,

$$p\,(-1.96 \le z_s \le 1.96)$$

$$= p\,(-1.96 \le \frac{\overline{X} - \mu}{\frac{\sigma}{\sqrt{n}}} \le 1.96)$$

$$= 0.95$$

가 된다. 모집단의 분산을 알 때 모집단평균은 95%의 신뢰도로

$$p\,(\overline{X} - 1.96\frac{\sigma}{\sqrt{n}} \le \mu \le \overline{X} + 1.96\frac{\sigma}{\sqrt{n}})$$

의 범위 내에 존재한다는 말할 수 있다는 의미를 가진다. 즉, 임계치는 표준화변수인 z_i값이고, 95%는 표준정규분포의 넓이이다. 95%라는 특수한 경우와는 달리, 일반적인 유의도(α = 1− 신뢰도)를 사용할 때, 양측의 임계치를 사용하면, 모집단평균의 신뢰구간은

$$p(\overline{X} - z_{(\frac{\alpha}{2})}\frac{\sigma}{\sqrt{n}} \le \mu \le \overline{X} + z_{(\frac{\alpha}{2})}\frac{\sigma}{\sqrt{n}})$$

가 된다.

그리고 95%라는 특수한 경우,

$$p(\overline{X} - 1.96\frac{\sigma}{\sqrt{n}} \le \mu \le \overline{X} + 1.96\frac{\sigma}{\sqrt{n}})$$

를 z_s로 표시하면,

$$p(\overline{X} - z_{(0.025)}\frac{\sigma}{\sqrt{n}} \le \mu \le \overline{X} + z_{(0.025)}\frac{\sigma}{\sqrt{n}})$$

가 된다.[43] 왜냐하면,

$$z_{(0.025)} = 1.96$$

이기 때문이다.

---

43 이는 $-z_s$에서 $+z_s$까지의 확률함수에 대한 넓이가 0.95라는 말이어서, 결국 0에서 $+z_s$까지의 넓이는 0.475라는 얘기이다.

지금까지의 양측검정인 경우와는 달리, 단측(one-tailed)으로서의 우측검정인 경우에는

$$p\,(\mu \;\le\; \overline{X} + 1.64\frac{\sigma}{\sqrt{n}}) \;=\; 0.95$$

가 된다. 왜냐하면

$$z_{(0.05)} \;=\; 1.64$$

이기 때문이다.[44]

2.1.2.2.2 모분산의 신뢰구간

모분산(σ^2)에 대한 구간추정이란 표본의 분산(s^2)을 이용하여 모집단의 분산에 대한 신뢰구간($1-\alpha$)을 추정하는 방법이다. 모평균에 대한 예로 국민소득의 크기에 대한 신뢰구간을 들 수 있다면, 이 장에서 서술하는 모분산의 예는 국민소득의 분포에 대한 신뢰구간으로 들 수 있을 것이다. 특히 기계의 품질 등에서는 모평균의 신뢰구간보다 모분산의 신뢰구간이 매우 중요한데, 그 이유는 볼트 나사에 있는 홈의 크기나 깊이가 들쑥날쑥한 경우, 그

44 좌측검정인 경우도 단측검정이기에, $z_{(0.05)} = 1.64$는 동일하다.

볼트 나사는 기계에 들어가지 못하고 무용지물이 되기 때문이다.

표본의 분산 s^2을 가지고 모분산 σ^2을 추정할 때는 표본의 분산 s^2의 분포를 이용하는데, 이는 [그림 2-6]과 같이 $\frac{(n-1)s^2}{\sigma^2}$이 χ^2 분포의 성질을 갖기 때문이다.

[그림 2-6]

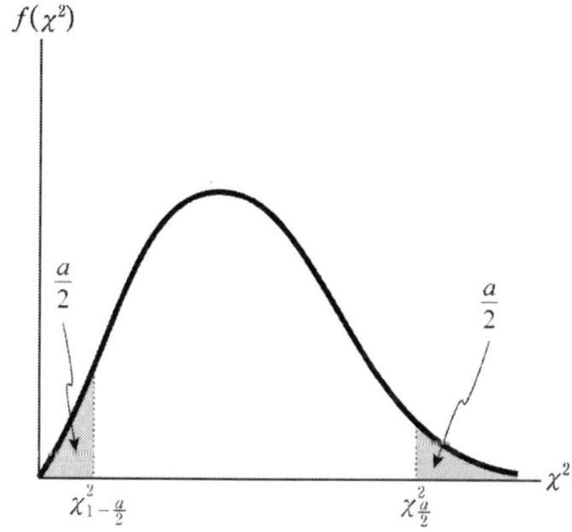

참조 : 이종원(1994), 304.

모분산에 대한 구간추정에 대한 수리식은

$$P\left(a < s^2 < b\right) = 1 - \alpha$$

가 되는 확률구간으로 시작하여[45], χ^2(카이스퀘어)인

$$\chi^2 = \frac{(n-1)s^2}{\sigma_0^2} = \frac{\sum_{i=1}^{n}(x_i - \overline{X})^2}{\sigma_0^2}$$

의 성질을 이용하여 유도된다. 즉,

$$1-\alpha$$

$$= P(a < s^2 < b)$$

$$= P[(n-1)a < (n-1)s^2 < (n-1)b]$$

$$= P[\frac{(n-1)a}{\sigma^2} < \frac{(n-1)s^2}{\sigma^2} < \frac{(n-1)b}{\sigma^2}]$$

가 되는데, 여기서

$$\frac{(n-1)s^2}{\sigma^2} = \chi^2$$

이다.[46] 그리하여

---

45 a와 b는 편의상 $(\frac{1-\alpha}{2})$와 $(\frac{\alpha}{2})$에 연관시키기 위해 만든 임의의 수이다.

46 $s^2 = \frac{1}{n-1}\sum[(x_i - \overline{X})^2 \cdot f_i]$인데, $f_i = 1$인 경우를 생각해 보면 $s^2 =$

$$1-\alpha$$

$$= P\left[\frac{(n-1)a}{\sigma^2} < \frac{(n-1)s^2}{\sigma^2} < \frac{(n-1)b}{\sigma^2}\right]$$

$$= P\left[\chi^2_{(\frac{1-\alpha}{2})} < \chi^2 < \chi^2_{(\frac{\alpha}{2})}\right]$$

$$= P\left[\chi^2_{(\frac{1-\alpha}{2})} < \frac{(n-1)s^2}{\sigma^2} < \chi^2_{(\frac{\alpha}{2})}\right]$$

로 바꾸어 쓸 수 있다. 이제 σ^2의 신뢰구간을 추정할 수 있어,

$$1-\alpha$$

$$= P\left[\frac{(n-1)s^2}{\chi^2_{(\frac{\alpha}{2})}} < \sigma^2 < \frac{(n-1)s^2}{\chi^2_{(\frac{1-\alpha}{2})}}\right]$$

$\frac{1}{n-1}\sum[(x_i-\overline{X})^2] = \frac{1}{n-1} \cdot \frac{\sigma^2}{\sigma^2} \cdot \sum[(x_i-\overline{X})^2]$가 된다. $s^2 = \frac{1}{n-1} \cdot \frac{\sigma^2}{\sigma^2} \cdot \sum[(x_i-\overline{X})^2]$에다가 $\chi^2 = \frac{\sum_{i=1}^{n}(x_i-\overline{X})^2}{\sigma^2}$를 대입하면, $\frac{(n-1)s^2}{\sigma^2} = \chi^2$가 된다.

가 된다.[47]

여기서 위의

$$1-\alpha = P[\frac{1}{\sigma^2}(n-1)a < \frac{1}{\sigma^2}(n-1)s^2 < \frac{1}{\sigma^2}(n-1)b]$$

에 대해 2.1.2.2.1.1에서 표현한 c_1과 c_2를 이용하면,

$$1-\alpha = P\left[\frac{n-1}{c_2} \le \frac{(n-1)S_n^2}{\sigma^2} \le \frac{n-1}{c_1}\right]$$

로 표현된다.[48] 그리고 모분산에 대한 신뢰구간은

$$\left[\frac{(n-1)S_n^2}{\chi^2_{1-\frac{\alpha}{2}}(n-1)},\quad \frac{(n-1)S_n^2}{\chi^2_{\frac{\alpha}{2}}(n-1)}\right]$$

이며, 신뢰구간의 길이는

47 σ^2을 구하기 위해 각 항의 역수를 취했는데, 그 결과 $\chi^2_{(\frac{1-\alpha}{2})}$와 $\chi^2_{(\frac{\alpha}{2})}$의 위치가 바뀌었다.

48 물론 $\frac{n-1}{c_1} = \chi^2_{1-\frac{\alpha}{2}}(n-1)$이며, $\frac{n-1}{c_2} = \chi^2_{\frac{\alpha}{2}}(n-1)$이다.

$$l = (n-1)S_n^2\left(\frac{1}{\chi^2_{\frac{\alpha}{2}}(n-1)} - \frac{1}{\chi^2_{1-\frac{\alpha}{2}}(n-1)}\right)$$

이 된다.

2.1.2.2.3 최단의 신뢰구간

신뢰구간이 짧을수록 신뢰도는 높아지기에, 최단의 신뢰구간을 구하는 것은 의미 있는 일이다. 이에 모분산에 대한 최단의 신뢰구간을 구하기로 한다. 2.1.2.2.2에서 보듯이 모분산에 대한 신뢰구간의 길이가

$$l = (n-1)S_n^2\left(\frac{1}{\chi^2_{\frac{\alpha}{2}}(n-1)} - \frac{1}{\chi^2_{1-\frac{\alpha}{2}}(n-1)}\right)$$

이므로, 이는 편의상

$$l = \left(\frac{1}{a} - \frac{1}{b}\right)(n-1)S_n^2$$

로 바꾸어 쓸 수 있다.[49] 최단의 신뢰구간을 구하기 위해 l을 a

에 대해 미분하면,

$$\frac{dl}{da} = (-\frac{1}{a^2} + \frac{1}{b^2}\frac{db}{da})(n-1)S_n^2 = 0$$

이 되는데, 이를 풀면

$$\frac{db}{da} = \frac{b^2}{a^2}$$

이다.

또한

$$F_{\chi^2}(b) - F_{\chi^2}(a) = 1-\alpha$$

의 성질도 가지고 있기에[50], 이 식을 a에 대해 미분하면,

$$f_{\chi^2}(b)\frac{db}{da} - f_{\chi^2}(a) = 0$$

가 되어

---

49 $a = \chi^2_{1-\frac{\alpha}{2}}(n-1)$이며, $b = \chi^2_{\frac{\alpha}{2}}(n-1)$이다.

50 $\int_a^b f_{\chi^2}(t)dt = 1-\alpha$이다.

$$\frac{db}{da} = \frac{f_{\chi^2}(a)}{f_{\chi^2}(b)}$$

을 구할 수 있다. 그런데 앞에서

$$\frac{db}{da} = \frac{b^2}{a^2}$$

라고 하였기에,

$$\frac{f_{\chi^2}(a)}{f_{\chi^2}(b)} = \frac{b^2}{a^2}$$

가 되어, 이를 풀어

$$a^2 f_{\chi^2}(a) = b^2 f_{\chi^2}(b)$$

가 최단의 신뢰구간의 조건임을 알 수 있다.

2.2 검정

2.2.1 가설검정의 개요

표본집단의 자료를 이용하여 조사한 모평균추정에서는 모평균

(μ)의 신뢰구간인

$$P(\overline{X} - z_{(\frac{\alpha}{2})}\frac{\sigma}{\sqrt{n}} \le \mu \le \overline{X} + z_{(\frac{\alpha}{2})}\frac{\sigma}{\sqrt{n}})$$

를 추정하기에[51], 표본집단의 평균$(\overline{X})$은

$$P(\mu - z_{(\frac{\alpha}{2})}\frac{\sigma}{\sqrt{n}} \le \overline{X} \le \mu + z_{(\frac{\alpha}{2})}\frac{\sigma}{\sqrt{n}})$$

의 범위를 가진다. 그리고 검정통계량$(z = \frac{\overline{X} - \mu}{\frac{\sigma}{\sqrt{n}}})$을 이용할 때,

$$P(-z_{\frac{\alpha}{2}} < \frac{\overline{X} - \mu_0}{\frac{\sigma}{\sqrt{n}}} < z_{\frac{\alpha}{2}})$$

의 범위를 가지게 된다. 위의 세 식은 같은 것으로서, 이러한 세 식은 2.1에서 설명한 추정과 이 장에서 설명할 가설검정을 연결하는 식이 된다.[52]

가설검정은 모집단의 모수에 대하여 추정한 값이 진실인가를

51 이는 2.1.2.2.1에서 설명하였다.

52 가설검정은 통계적 가설의 검정(test of a statistical hypothesis)이라고도 한다.

판정하는 통계적 추론방식이다. 이러한 가설검정을 하기 위해서는 다음과 같이 4단계의 절차를 거치는 것이 보통이다.

1. 귀무가설(null hypothesis : H_0)과 대립가설(alternative hypothesis : H_1)을 세운다. 이를 가설설정(setting-up hypothesis)이라 한다.
2. 어떠한 확률분포를 갖는가에 대한 판단 후, 합당한 검정통계량(test statistic)을 선택한다.
3. 선택된 확률분포를 써서, 유의도와 기각역을 정한다.
4. 검정통계량의 실현값[53]이 기각역(W)에 들어가면, 귀무가설을 기각하고 대립가설을 받아들인다. 반대로 검정통계량의 실현값이 채택역에 들어가면, 귀무가설을 받아들이고 대립가설을 기각한다. 여기서 채택역과 기각역은 z_i의 범위를 말한다. 실현값(calculated value)과 임계치(critical value)는 z_i의 특정한 값을 말한다.[54]

---

53 예를 들어, 표준정규분포에서 검정통계량의 실현값은 $z_i\ (= \dfrac{\overline{X_i} - \mu_0}{\sigma / \sqrt{n}})$가 된다. 여기서 μ_0은 귀무가설에서 가정된 모집단 평균이다. 물론 표준정규분포의 z_i가 아닌 경우도 있으나(예 : 2.2.2.2와 2.2.3에서 각각 설명할 t_ν 또는 χ^2_ν), 이와 같이 특별한 경우를 제외하고는 편의상 검정통계량의 실현값은 표준정규분포의 z_i로 하기로 하고 가설검정을 설명한다.

54 유의도는 누적분포의 면적인 $\int f(z_i)\, dz_i$을 말한다. 유의도(α)는 유의수준이라

이와 같이 가설을 검증하는 것과 관련하여, 4가지의 경우를 생각해 볼 수 있다. 옳은 귀무가설을 채택하는 경우, 옳은 귀무가설을 채택하지 않은 경우, 틀린 귀무가설을 채택하는 경우 및 틀린 귀무가설을 채택하지 아니하는 경우가 그것이다.

여기서 2가지의 오류(error)가 발생할 수 있는데, 옳은 귀무가설을 채택하지 않은 오류와 틀린 귀무가설을 채택하는 오류이다. 옳은 귀무가설을 채택하지 않은 오류를 제1종 오류(type I error : α risk)라 하고, 틀린 귀무가설을 채택하는 오류를 제2종 오류(type II error : β risk)라고 한다.

이를 정리하면 다음과 같다.

판단 / 실제	H_0 채택	H_0 기각
H_0이 옳음	옳은 판단($1-\alpha$)	제1종 오류(α)
H_0이 틀림	제2종 오류(β)	옳은 판단($1-\beta$)

고도 말하며, 유의도는 1에서 신뢰도를 뺀 값이다.

검정을 할 때의 오류는 일반적으로 여러 종류의 오류 중에서도 유의수준이라고도 하는 제1종 오류(α), 즉 옳은 귀무가설을 채택하지 않은 오류를 일컫는다.[55]

2.2.2 모집단 평균의 검정

2.2.2.1 모집단의 분산을 아는 경우

모집단 평균을 검정하는 데에 있어서 모집단의 분산(σ^2)이 알려져 있는 경우, 표본평균은 정규분포에 접근한다고 본다. 그리하여 검정통계량은

$$z = \frac{X - \mu_0}{\sigma / \sqrt{n}} \sim S(0, 1)$$

이 된다. 물론 이는 구간추정을 정할 때와 마찬가지로, 다음과 같이 우측검정, 좌측검정 및 양측검정으로 나뉜다.[56]

---

55 검정을 위한 귀무가설은 크게 두 형태, 즉 평균에 대한 귀무가설과 분산에 대한 귀무가설로 나뉜다. 평균에 대한 귀무가설은 대체로 $(A\text{평균}) - (B\text{평균}) = 0$의 형태를 띠고, 분산에 대한 귀무가설은 대체로 $\frac{(A\text{분산})}{(B\text{분산})} = 1$의 형태를 가진다.

56 신뢰도 95%(=유의도 5%)라 할 때, 좌측검정의 임계치는 $-z_\alpha = -1.64$이며,

예를 들어, 유의수준(α)을 5%로 정한 상태에서 양측검정하려 하는데, 조사결과 나온 실현값 z_j가 1.56이 나왔다고 하자.[57] 이를 2.2.1에서 제시한 가설검정의 순서에 따라 모집단 평균의 검정을 해보기로 한다.

1단계 : 귀무가설을 정한다. 여기에서는 모집단 평균의 검정이기에 귀무가설은

$$H_0 : \mu = \mu_0$$

이 된다. 물론 대립가설은

$$H_A : \mu \neq \mu_0$$

이다.[58]

우측검정인 경우 $+z_{\alpha} = +1.64$이다. 또한 양측검정의 임계치는 $\pm z_{\frac{\alpha}{2}} = \pm 1.96$이 된다.

57 검정통계량은 $z_i \left(= \dfrac{\overline{X_i} - \mu_0}{\sigma / \sqrt{n}}\right)$가 된다. 귀무가설은 $H_0 : \overline{X_j} = \mu$가 된다.

58 μ는 실제 모집단의 평균을 말하며, μ_0은 가설에서 실제 모집단의 평균(μ)이라고 주장하는 모집단의 평균을 말한다.

2단계 : 모집단의 분산을 아는 경우의 모평균검정에 대한 확률분포는 정규분포이고, 이의 검정통계량은

$$z = \frac{\overline{X} - \mu}{\frac{\sigma}{\sqrt{n}}}$$

이다.

3단계 : 문제에서 유의수준(α)이 5%[59]라고 정해주었으므로,

$$\alpha = 0.05$$

이다. 기각역을 구하기 위해서는 유의수준 5%에 대한 임계치(critical $z - value$)를 먼저 구해야 한다.[60] 유의수준 5%에 대한 임계치는 양측검정인 경우

$$z_{crit.}$$

$$= \pm z_{\frac{\alpha}{2}}$$

59 유의수준이 5%란 말은 표준정규분포에서 신뢰도의 넓이가 95%를 차지한다는 말이다.

60 유의수준과 기각역을 설명하면서 나오는 $z_{\frac{\alpha}{2}}$나 z_a 등을 임계치라 한다. 이는 2.1.2.2에서 구간추정을 설명하면서 이미 다루었다.

$$= \pm z_{0.025}$$

$$= \pm 1.96$$

이다.[61] 그리하여 양측검정의 기각역은

$$W$$

$$= (-\infty, -z_{\frac{\alpha}{2}}) \cup (z_{\frac{\alpha}{2}}, \infty)$$

$$= (-\infty, -1.96) \cup (1.96, \infty)$$

가 된다. 물론 유의수준이 5%일 때 양쪽의 임계치 사이의

$$-1.96 \le z_i \le 1.96$$

에 해당되는 범역은 양측검정의 채택역이 된다.[62]

---

61 양측검정에서의 임계치는 -1.96과 1.96이라는 뜻이다.

62 유의수준이 5%일 때의 좌측검정의 기각역은 $W=(-\infty, -z_{\alpha})=(-\infty, -1.64)$가 된다. 여기의 채택역은 $z_i \ge -1.64$이다. 유의수준이 5%일 때 우측검정의 기각역은 $W=(z_{\alpha}, \infty)=(1.64, \infty)$가 된다. 여기의 채택역은 $z_i \le 1.64$이다.

4단계 : 표본집단에서의 자료를 분석해 얻은, 알맞은 방법으로 조사하여 얻은 실현값(calculated $z-value$)은 문제에

$$z_{cal.} = 1.56$$

이라고 하였다. 검정통계량의 실현값($z_{cal.} = 1.56$)이 기각역(W)인

$$W = (-\infty,\ -1.96) \cup (1.96,\ \infty)$$

에 들어갔기에, 귀무가설

$$H_0 : \mu = \mu_0$$

을 기각하고, 대립가설인

$$H_A : \mu \neq \mu_0$$

을 받아들인다.[63]

63 여기에서는 검정절차를 4단계로 나누어 설명하였다. 그러나 다음부터 전개되는 여러 종류의 검정은 모두 같은 절차를 거치므로, 편의상 단계를 생략한 채 종합적으로 서술한다.

지금까지에 대해 비율에 대한 검정을 할 수 있다. 비율 $(p = 1 - q)$에 대한 검정도 정규분포를 가정하는 경우[64], 표본비율 $\hat{p}$는 평균이 p이고, 분산이 $\frac{p(1-p)}{n}$인 정규분포를 따른다. 즉,

$$P\left(\hat{p} - z_{(\frac{\alpha}{2})}\sqrt{\frac{pq}{n}} \le \ p \ \le \hat{p} + z_{(\frac{\alpha}{2})}\sqrt{\frac{pq}{n}}\right)$$

의 추정에 대한 검정에서[65], 귀무가설인

$$H_0 : \ \hat{p} \ = \ p_0$$

에 대한 검정통계량은

$$z_i = \frac{\hat{p} \ - p_0}{\sqrt{\frac{p_0 q_0}{n}}}$$

이다.[66] 여기서 $p_o (= 1 - q_0)$은 귀무가설에서 가정된 모집단의 비

---

64 모집단비율이 p로 된 가설검정은 $N \ge 30$이라는 경우에만 하고, $N < 30$인 경우에는 p로 된 가설검정을 하지 않는다.

65 2.1.2.2.1에서 설명하였듯이, 정규분포를 가정한 상태에서 표본집단의 자료를 이용하여 조사한 모평균추정에서 모평균의 신뢰구간은 $P(\overline{X} - z_{(\frac{\alpha}{2})}\frac{\sigma}{\sqrt{n}} \le \mu \le \overline{X} + z_{(\frac{\alpha}{2})}\frac{\sigma}{\sqrt{n}})$이다.

율평균이다. 그리고 비율로 된

$$z_i = \frac{\hat{p} - p_0}{\sqrt{\frac{p_0(1-p_0)}{n}}}$$

을 검정통계량으로 하는 검정은, 앞으로 계속 전개될

$$z_i = \frac{\overline{X} - \mu_0}{\sigma / \sqrt{n}}$$

을 검정통계량으로 하는 검정의 내용과 대동소이하다.

2.2.2.2 모집단의 분산을 모르는 경우

모집단 평균을 검정하는 데에 있어서, 모집단의 분산(σ^2)이 알려져 있지 않은 경우가 많다. 즉, 모집단의 분산이 알려져 있는 경우는 거의 없다. 그리하여 모집단의 분산이 알려져 있지 않은 현실에서는, 모집단의 분산을 모르는 경우의 모평균검정을 위해 모집단의 표준편차인 σ 대신에 표본집단의 표준편차인 s를 사용한 검정통계량을 사용한다. 이 경우의 검정통계량은

---

66 이 검정에 대한 확률분포는 정규분포이고, 이의 검정통계량은 $z = \frac{\overline{X} - \mu}{\frac{\sigma}{\sqrt{n}}}$이다.

$$t_\nu = \frac{\overline{X} - \mu_0}{s / \sqrt{n}} \qquad (\nu : \text{자유도})$$

이다.[67] 여기서 t_i가 아니라 t_ν를 쓴 이유는, 표본집단의 표준편차를 계산하는 데에는 표본크기(n)에서 1을 뺀 자유도(fdegree of freedom ; *df*) 에 따라 임계치가 달라지기 때문이다.

그러나 표본크기(n)가 30 이상으로 충분히 크다면 중심극한정리에 의해[68] 모든 분포는 정규분포에 가까워지므로, 검정통계량으로

$$z = \frac{\overline{X} - \mu_0}{s / \sqrt{n}}$$

를 사용하여 쓴다. 이는 모집단의 분산이 알려져 있는 경우와는 다르지만, 매우 편리한 방법이 될 수 있다.

이러한 현상을 이용하여 여러 검정통계량의 관계를 볼 수 있

---

67 위의 뜻은 2.2.1에서 말하는 검정절차 2단계에 해당되는 말로서, "이 경우의 확률분포는 스튜던트 t 분포(Student's t distribution)이고, 이의 검정통계량은 $t_\nu = \frac{\overline{X} - \mu_0}{s / \sqrt{n}}$ 이다." 라는 것을 뜻한다.

68 중심극한정리에 대해서는 1.3.1에서 상술하였다. 이를 $\overline{X} \sim N(\mu, \frac{\sigma^2}{n})$로 표시한다.

다. 2.2.2.1에서 보았듯이, 모집단의 분산(σ^2)을 아는 상태에서 조사한 표본집단의 평균($\overline{X_i}$)과 모집단의 평균(μ)과의 관계를 보고자 하는 검정통계량은

$$z_s = \frac{\overline{X_i} - \mu}{\frac{\sigma}{\sqrt{n}}}$$

로서, 표본집단의 표준화변수 z_s를 검정통계량으로 사용한다.[69]

모집단의 분산(σ^2)을 모르는 상태에서 조사한 표본집단의 평균($\overline{X_i}$)과 모집단의 평균(μ)과의 관계를 보고자 하는 검정통계량은

$$t = \frac{\overline{X_i} - \mu}{\frac{s}{\sqrt{n}}}$$

이다.

모집단의 분산(σ^2)을 아는 상태에서 2개 집단의 평균이 같은

---

69 $z_s = \dfrac{\overline{X_i} - \mu}{\frac{\sigma}{\sqrt{n}}} = \dfrac{\overline{X_i} - \mu}{s}$는 표본집단의 표준화변수이며, 모집단의 표준화 변수인 $z_i = \dfrac{x_i - \mu}{\sigma}$를 표본집단에 적용한 것이다.

가에 대한 검정통계량이

$$z = \frac{(\overline{X_1} - \overline{X_2}) - (\mu_1 - \mu_2)}{\sqrt{\frac{\sigma_1^2}{n_1} + \frac{\sigma_2^2}{n_2}}}$$

인데[70], 이것도

$$z_s = \frac{\overline{X_i} - \mu}{\frac{\sigma}{\sqrt{n}}}$$

에서 유래한 것임을 알 수 있다. 또한 모집단의 분산(σ^2)을 모르는 상태에서는 t 검정의 검정통계량인

$$t_{(n_1+n_2-2)} = \frac{(\overline{X_1} - \overline{X_2}) - (\mu_1 - \mu_2)}{\hat{s}\sqrt{(\frac{1}{n_1} + \frac{1}{n_2})}}$$

가 사용된다.[71]

---

70 이는 2.2.4.1.1에서 설명한다.

71 이는 2.2.4.1.2에서 설명한다. 그리고 이의 식은 $t = \frac{\overline{X_i} - \mu}{\frac{s}{\sqrt{n}}}$에서 유래했는데, $t = \frac{\overline{X_i} - \mu}{\frac{s}{\sqrt{n}}}$와 $z_s = \frac{\overline{X_i} - \mu}{\frac{\sigma}{\sqrt{n}}}$의 차이는 모집단의 분산을 아느냐 모르느냐

이와 같이 평균에 대한 여러 형태의 검정통계량은 그 근원이 표본집단의 표준화변수인

$$z_s = \frac{\overline{X_i} - \mu}{\frac{\sigma}{\sqrt{n}}}$$

이기에, 다음과 같이 표본집단의 표준화변수 z_s를 이용한 추정과 검정은 다른 검정통계량에도 그대로 적용된다.

2.2.3 모집단 분산의 검정

모집단의 분산을 검정하는 검정통계량은

$$\chi_\nu^2 = \frac{(n-1)s^2}{\sigma_0^2}$$ [72]

를 사용한다.[73] 이 말은 이 검정에 대한 확률분포가 χ^2 분포라는

의 차이뿐이라고 설명하였다. 매우 큰 수를 가진 모집단의 분산(σ^2)을 모르는 경우, 조사해서 얻은 표본집단의 분산(s^2)을 이용하는 것은 당연한 이치이다.

72 위의 식에서 σ_0^2은 귀무가설에서 가정된 모집단의 분산이며, s^2은 표본집단의 분산이다. 그리고 ν는 자유도를 가리킨다.

73 모평균(μ)검정의 검정통계량은 $z = \dfrac{\overline{X} - \mu_0}{\sigma / \sqrt{n}} = \dfrac{\overline{X} - \mu_0}{s}$이고, 모분산($\sigma^2$)검정의 검정통계량은 $\chi^2 = \dfrac{(n-1)s^2}{\sigma_0^2}$이다.

것을 내포하고 있다.

χ^2 분포의 의미는 다음과 같다. 원래 χ^2란 표준화변수를 제곱한 z_i^2의 합의 의미를 가져,

$$\chi_\nu^2$$

$$= \sum_{i=1}^{\nu} z_i^2$$

$$= z_1^2 + z_2^2 + ... + z_\nu^2$$

$$= (\frac{x_1 - \mu}{\sigma_1})^2 + (\frac{x_2 - \mu}{\sigma_2})^2 + ... + (\frac{x_\nu - \mu}{\sigma_\nu})^2$$

로 표현된다. 여기서 모든 분산이 서로 같아,

$$\sigma_1^2 = \sigma_2^2 = \cdots = \sigma_\nu^2 = \sigma^2$$

라면,

$$\chi_\nu^2$$

$$= (\frac{x_1 - \mu}{\sigma_1})^2 + (\frac{x_2 - \mu}{\sigma_2})^2 + ... + (\frac{x_\nu - \mu}{\sigma_\nu})^2$$

$$= (\frac{x_1 - \mu}{\sigma})^2 + (\frac{x_2 - \mu}{\sigma})^2 + \ldots + (\frac{x_\nu - \mu}{\sigma})^2$$

$$= \frac{\sum(x_i - \mu)^2}{\sigma^2}$$

가 된다. 이러한 모집단의 경우와 달리, 표본집단에서는

$$\chi_\nu^2 = \frac{\sum(x_i - \overline{X})^2}{\sigma^2}$$

가 된다.

이를 이용하여 s^2, σ^2 및 χ^2의 관계를 보면, 다음과 같다.

$$s^2 = \frac{1}{n-1}\sum[(x_i - \overline{X})^2 \cdot f_i]$$

에서 모든 x_i의 빈도수 f_i를 편의상 1로 놓으면

$$s^2$$

$$= \frac{1}{n-1}\sum[(x_i - \overline{X})^2 \cdot f_i]$$

$$= \frac{1}{n-1}\sum[(x_i - \overline{X})^2 \cdot 1]$$

$$= \frac{1}{n-1} \cdot \frac{\sigma^2}{\sigma^2} \cdot \sum[(x_i - \overline{X})^2]$$

$$= \frac{\sigma^2}{n-1} \cdot \frac{1}{\sigma^2} \sum[(x_i - \overline{X})^2]$$

가 된다. 전술하였듯이

$$\chi^2 = \frac{\sum(x_i - \overline{X})^2}{\sigma^2}$$

이므로,

$$s^2$$

$$= \frac{\sigma^2}{n-1} \frac{1}{\sigma^2} \sum[(x_i - \overline{X})^2]$$

$$= \frac{\sigma^2}{n-1} \chi^2$$

가 된다. 즉,

$$\chi^2$$

$$= (n-1)\frac{s^2}{\sigma^2}$$

$$= \frac{\sum_{i=1}^{n} (x_i - \overline{X})^2}{\sigma^2}$$

가 된다.[74]

지금까지 모집단의 분산을 검정하는 검정통계량으로 사용되는

$$\chi^2 = \frac{(n-1)s^2}{\sigma^2}$$

의 의미에 대해 알아보았다.[75]

모집단분산의 검정에서는, 조사결과로 얻은 실현값인

$$\chi^2_{calc.} = \frac{(n-1)s^2}{\sigma_0^2}$$

를 유의도(α)에 해당하는 임계치인

---

74 χ^2검정은 이 장에서와 같이 $\chi^2 = \frac{(n-1)s^2}{\sigma^2}$를 검정통계량으로 하는 모수통계에서의 단일모집단 분산에 대한 검정을 할 뿐 아니라, $\chi^2_{(l-1)} = \sum_{i=1}^{l}\frac{(O_i - E_i)^2}{E_i}$를 검정통계량으로 하는 비모수통계에서의 빈도수에 대한 검정도 할 수 있다.

75 2.1.2.2.2에서 말했듯이, 모집단의 분산에 대한 양측검정의 신뢰구간을 추정하면, $1-\alpha = P[\frac{(n-1)s^2}{\chi^2_{(\frac{\alpha}{2})}} < \sigma^2 < \frac{(n-1)s^2}{\chi^2_{(\frac{1-\alpha}{2})}}]$가 된다. 여기서 $\sigma^2 = \frac{(n-1)s^2}{\chi^2}$는 $\chi^2 = \frac{(n-1)s^2}{\sigma^2}$와 동일하다.

$$\chi^2_{crit.} = \frac{(n-1)s^2}{\sigma_0^2}$$

와 비교해 귀무가설 채택의 가부를 결정한다. 실현값과 임계치를 이용한 검정절차는 모집단의 평균을 검정하는 것과 동일하다.

여기서 지금까지 설명한 단일표본에 있어서의 여러 경우에 대한 검정을 종합하여 보면 다음과 같다. 즉, z 분포와 t 분포는 평균이 0인 상태에서 평균(0)을 중심으로 대칭을 이루는 형태를 이루고 있다. 즉

$$z_i = \frac{\overline{X} - \mu_0}{\sigma / \sqrt{n}}$$

이거나 또는

$$t_\nu = \frac{\overline{X} - \mu_0}{s / \sqrt{n}}$$

의 범위는 무한정이다. 그리하여 양측검정인 경우, z 검정의 임계치는 $-z_{\frac{\alpha}{2}}$과 $z_{\frac{\alpha}{2}}$이며, t 검정의 임계치는 $-t_{\frac{\alpha}{2}}$와 $t_{\frac{\alpha}{2}}$이다.

그러나 z 분포와 t 분포와는 달리, χ^2 분포는

$$\chi^2_\nu = \frac{(n-1)s^2}{\sigma_0^2} \geq 0$$

이기에, [그림 2-7]과 같이 양(+)의 값만 가지는 분포를 하고 있다. 그리하여, 양측검정일 때의 임계치는 $\chi^2_{\frac{\alpha}{2}}$와 $\chi^2_{\frac{1-\alpha}{2}}$가 된다. 물론 우측검정을 하게 되면, χ^2_α 하나만 임계치가 된다.

[그림 2-7]

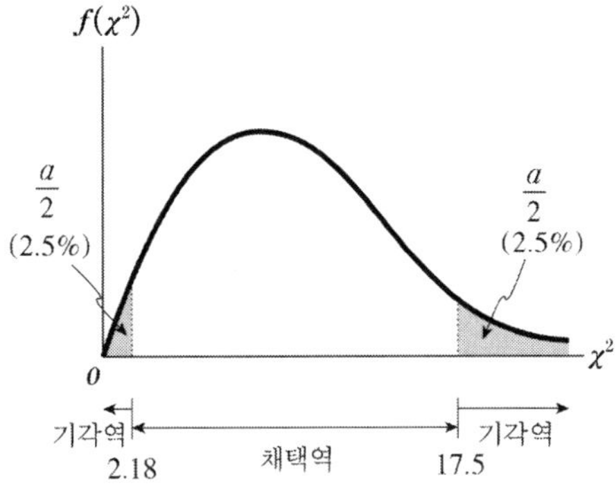

(양측검정의 경우)

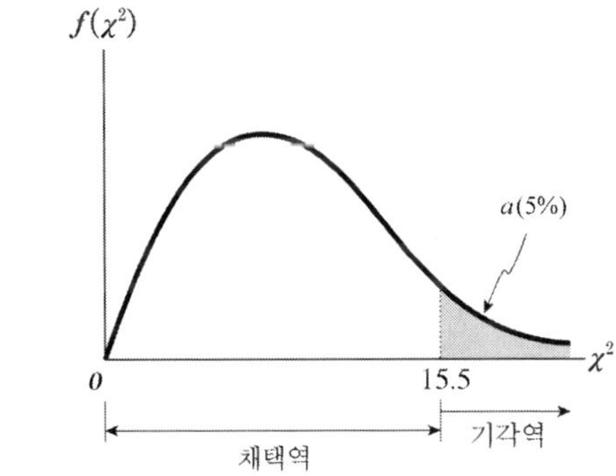

(단측검정의 경우)

참조 : 이종원(1994), 348.

2.2.4 복수표본에 대한 검정

2.2.4.1 복수표본의 평균에 대한 검정

지금까지는 하나의 모집단에 대해, 모집단의 평균과 모집단의 분산을 검정하였다. 이제부터는 2개의 모집단에 대한 검정을 하기로 한다. 이것도 모집단이 2개일 뿐, 절차는 하나의 모집단의 경우와 동일하여 편의상 식만 열거하기로 한다.

2.2.4.1.1 모집단분산을 아는 경우

2.2.4.1.1.1 독립표본에 대한 t값

2개의 집단에 대한 분산이 같다는 가정 하에, 그 집단의 평균이 같은지에 대하여 t값을 구하는 평균분석을 하여야 한다. 즉, 2개의 집단에 대한 평균이 차이가 있는가를 분석하기 위한 분석에서는 독립표본 t 검정에서의 검정통계량인

$$t_{(n_1+n_2-2)}$$

$$= \frac{(\overline{X_1} - \overline{X_2}) - (\mu_1 - \mu_2)}{\hat{s}\sqrt{(\frac{1}{n_1} + \frac{1}{n_2})}}$$

$$= \frac{(\overline{X_1} - \overline{X_2}) - D_0}{\hat{s}\sqrt{(\frac{1}{n_1} + \frac{1}{n_2})}}$$

을 사용한다.[76]

상기한

$$t_{(n_1 + n_2 - 2)} = \frac{(\overline{X_1} - \overline{X_2}) - D_0}{\hat{s}\sqrt{(\frac{1}{n_1} + \frac{1}{n_2})}}$$

식에서 D_0은 2집단의 귀무평균에 대한 차이를 말한다.[77] 여기서

---

76 이는 모분산(σ)이 알려진 1개 모집단을 검정하는 경우 검정통계량으로 $z_i = \frac{\overline{X} - \mu_0}{\sigma / \sqrt{n}}$ 을 쓰는 반면, 모분산 σ를 모를 때에는 $t_\nu = \frac{\overline{X} - \mu_0}{s / \sqrt{n}}$ 을 사용하는 경우와 거의 동일하다. (여기서 t_i 대신에 t_ν를 쓴 이유는, s를 계산할 때 자유도에 따라 임계치가 달라지기 때문이다. ν는 자유도를 가리킨다. σ의 정확한 의미는 모집단의 표준편차이다. 그러나 편의상 흔히 모분산이라고 칭한다.) 그리고 위의 식을 $t_\nu = \frac{(\overline{X_1} - \overline{X_2}) - D_0}{s_\nu \sqrt{(\frac{1}{n_1} + \frac{1}{n_2})}}$ 으로 표현하기도 한다.

77 $(n_1 + n_2 - 2)$는 두 집단에 대한 자유도(ν)이다.

$\hat{s}$

$$= \sqrt{\frac{(n_1 - 1)\, s_1^2 \ + \ (n_2 - 1)\, s_2^2}{n_1 + n_2 - 2}}$$

$$= \sqrt{\frac{\sum (x_{1i} - \overline{X_1})^2 \ + \sum (x_{2i} - \overline{X_2})^2}{n_1 + n_2 - 2}}$$

이다.

또한 2개의 모집단 분산(σ_1^2과 σ_2^2)을 모르는 경우에 있어서는, 다음과 같이 두 가지의 경우로 나뉜다.

2.2.4.1.1.2 대응표본에 대한 t값

2개의 집단이라도 각 집단이 아무런 관계없는 독립표본 t 검정과는 달리, 대응표본 t 검정에서의 검정통계량인

$$t \ = \ \frac{\overline{d} - D_0}{s_d \,/\, \sqrt{n}}$$ [78]

는 2개의 집단 내 구성원이 집단에 성질에 따라 패키지를 이룰 때 사용된다. 즉, 한국과 중국의 축구 국가대표 선수들끼리의 포지션별 키의 평균 차이가 있느냐와 같이, 구성원의 숫자가 같은 n명인 A집단과 B집단에서, A집단의 구성원 1, 2, 3, ... n과 B집단의 구성원 1, 2, 3, ... n이 각각 같은 패키지를 이룬다고 할 때, 대응표본 t 검정이 사용된다.

2.2.4.1.2 모집단분산을 모르는 경우

여기에는 표본수가 큰 경우와 작은 경우로 나뉜다. 먼저 표본수가 크다면 2개의 모집단 평균(μ_1과 μ_2)의 차이에 대한 검정의 식은

$$z = \frac{(\overline{X_1} - \overline{X_2}) - (\mu_1 - \mu_2)}{\sqrt{\dfrac{s_1^2}{n_1} + \dfrac{s_2^2}{n_2}}}$$

이다. 이는 2.2.4.1.1의

---

78 여기서 $\bar{d}$는 대응하는 각 집단패키지의 차이에 대한 평균이며, $s_d = \sqrt{\frac{\sum(d_i - \bar{d})^2}{n-1}}$는 집단패키지의 차이에 대한 표준편차를 말한다.

$$z = \frac{(\overline{X_1} - \overline{X_2}) - (\mu_1 - \mu_2)}{\sqrt{\frac{\sigma_1^2}{n_1} + \frac{\sigma_2^2}{n_2}}}$$

에서 모집단의 분산인 σ_1^2과 σ_2^2가 표본집단의 분산인 s_1^2과 s_2^2로 바뀌었을 뿐이어서, 2개의 모집단 분산(σ_1^2과 σ_2^2)을 아는 경우와 거의 같다.

또한 두 모집단의 분산이 알려지지 아니한 상태에서, 표본수가 적은 경우의 평균분석을 하는 경우, t 분포를 이용한 평균분석을 한다. t 검정은 1개의 집단에 대한 평균을 검정하는 데에도 쓰인다. 2.2.2.1와 같이, 1개의 집단에서 σ가 알려져 있을 때에는 표준정규분포의

$$z = \frac{\overline{X} - \mu_0}{\sigma / \sqrt{n}}$$

으로 귀무평균에 대한 검정을 하는 데에 비해, 1개의 집단에서 σ가 알려져 있는 상태에서 표본수가 적을 때에는

$$t = \frac{\overline{X} - \mu_0}{s / \sqrt{n}}$$

를 쓰는 t 검정을 한다.[79]

2.2.4.2 복수표본의 분산에 대한 검정

정규분포를 하는 2개의 모집단 분산(σ_1^2과 σ_2^2)에 대한 검정은 2개의 모집단 분산의 비율을 분석한다. 정규분포를 하는 2개 모집단의 분산비율에 대한 검정의 확률분포는 F 분포이고, 이의 검정통계량은

$$F$$

$$= \frac{\chi_1^2 \diagup \nu_1}{\chi_2^2 \diagup \nu_2}$$

$$= \frac{\dfrac{\sum (X_{1i} - \overline{X_1})^2}{\sigma_1^2} / (n_1 - 1)}{\dfrac{\sum (X_{2i} - \overline{X_2})^2}{\sigma_2^2} / (n_2 - 1)}$$

이다.[80] 위 식에서

---

79 지금까지 본 바와 같이 복수의 비교에 대한 검정은 복잡한 전개식이 반복되기에, 이해의 편의상 더 이상의 설명은 생략한다.

80 이는 2.1.1.2에서 설명하는 추정의 효율성법칙과도 관련이 있다.

$$\sigma_1^2 = \sigma_2^2$$

라면

$$F_{(\nu_1,\, \nu_2)}$$

$$= \frac{\dfrac{\sum (X_{1i} - \overline{X_1})^2}{\sigma_1^2} / (n_1 - 1)}{\dfrac{\sum (X_{2i} - \overline{X_2})^2}{\sigma_2^2} / (n_2 - 1)}$$

$$= \frac{\sum (X_{1i} - \overline{X_1})^2 / (n_1 - 1)}{\sum (X_{2i} - \overline{X_2})^2 / (n_2 - 1)}$$

$$= s_1^2 / s_2^2$$

가 된다.[81]

여기서 F값은

$$F = \frac{\chi_1^2 / \nu_1}{\chi_2^2 / \nu_2} \geq 0$$

와 같이 항상 양의 값이기에[82], 양측검정일 때의 임계치는 $\frac{\alpha}{2}$와

81 이 식은 2.2.5에 나오는 분산분석의 F값의 원리와 동일하다. 단지 분산분석에서는 집단 내 분산과 집단 간 분산의 비율을 분석할 뿐이다.

$\frac{1-\alpha}{2}$가 된다.

2.2.5 분산분석(ANOVA)의 F 검정

분산분석은

$$x_{ij} = \mu + \tau_j + e_{ij}$$

에 대해, 각 집단의 평균(μ)이 동일하다는

$$H_0 : \mu_1 = \mu_2 = \cdots = \mu_n$$

의 귀무가설을 검정하는 조사방법이다. 분산분석에서 실측치인

$$x_{ij} = \mu + (\overline{x_j} - \mu) + (x_{ij} - \overline{x_j})$$

를 변형하면

---

82 이는 2.2.3에서 말한 $\chi^2_\nu = \frac{(n-1)s^2}{\sigma_0^2} \geq 0$의 경우와 동일하게 양의 성질을 띈다. 검정통계량이 제곱으로 되어 있지 아니한 경우는, 2.2.2.1에서 보는 바와 같이 양측검정의 임계치는 $\pm z_{\frac{\alpha}{2}}$로서 0을 기준으로 반대의 값인 음양의 값을 같이 가지고 있다.

$$(x_{ij} - \mu) = (\overline{x_j} - \mu) + (x_{ij} - \overline{x_j})$$

가 된다. 이 식의 한 부분인 $(\overline{x_j} - \mu)$에서

$$(\overline{x_j} - \mu) = \tau_j = 0$$

이면,

$$(x_{ij} - \mu) = 0 + (x_{ij} - \overline{x_j})$$

가 되어

$$\mu = \overline{x_j}$$

가 된다. 이는 결국

$$\mu_1 = \mu_2 = \cdots = \mu_n$$

이 된다. 그리하여

$$\mu_1 = \mu_2 = \cdots = \mu_n$$

은

$$\tau_1 = \tau_2 = \cdots = \tau_n = 0$$

과 동일하다.[83]

분산분석에서는 실측치를 집단오차와 우연오차로 분해한 뒤, 검정통계량인

$$F$$

$$= \frac{\sum (\overline{x_j} - \mu)^2 / df_b}{\sum\sum (x_{ij} - \overline{x_j})^2 / df_w}$$

$$= \frac{\sum \tau_j^2 / df_b}{\sum\sum e_{ij}^2 / df_w}$$

---

83 그리고 모집단이 여러 개 있다는 것을 달리 말하면, (모집단이 1개 있는 상태에서) 소집단이 여러 개 있다는 것과 동일하다. 그리하여 $\mu = \overline{x_j}$와 $\mu_1 = \mu_2 = \cdots = \mu_n$도 동일한 것이다.

로 귀무가설에 대한 검정을 한다. 이러한 F값은 정규분포를 하는 j집단 내부의 i번째 실측치 x_{ij}와 j집단의 평균인 $\overline{x_j}$ 사이의 우연오차인

$$e_{ij} = x_{ij} - \overline{x_j}$$

에 대해, 집단평균 $\overline{x_j}$와 전체평균 μ 사이의 집단오차인

$$\tau_j = \overline{x_j} - \mu$$

가 지니는 비율이 되는 것이다.

한편 2.2.4.2에서 설명하였듯이, 2개 모집단 분산의 검정과 관련하여

$$F_{(\nu_1,\, \nu_2)} = \frac{\sum (x_{1i} - \overline{X_1})^2 / (n_1 - 1)}{\sum (x_{2i} - \overline{X_2})^2 / (n_2 - 1)}$$

이 나오는데, 이 값은 분산분석의 검정통계량인

$$F_{(\nu_1,\, \nu_2)} = \frac{\sum (\overline{x_j} - \mu)^2 / (k-1)}{\sum\sum (x_{ij} - \overline{x_j})^2 / k(n-1)}$$

의 기초가 된다.

분산분석은 정규분포를 하는 전체집단과 소집단의 분산비율에 대한 F 검정을 통해, 각 집단이 동일한가를 판단하는 분석방법이다. 이를 위해, 분산분석은 변수 x_{ij}와 j집단의 평균인 $\overline{x_j}$ 사이의 우연오차인

$$e_{ij} = x_{ij} - \overline{x_j}$$

에 대해, 집단평균 $\overline{x_j}$와 전체평균 μ 사이의 집단오차인

$$\tau_j = \overline{x_j} - \mu$$

가 지니는 비율과 관계되는 F값을 이용한다.[84]

분산분석에서는 실측치에 대한 분산에 대해 그 비율(F값)을 해석하는데, 그러한 정규분포를 하는 각 집단의 영향력에 대한 유무를 F값의 유의도로 판단하는 분석방법이다. 즉, 분산분석에서는 자유도를 고려한 상태에서 상기한 오차의 제곱에 대한 비율인 F값인

84 정규분포를 한다고 가정하는 n개의 집단이 있다고 할 때, x_{ij}는 j집단에서 i번째에 해당하는 실측치를 말한다.

$$F = \frac{\sum (\overline{x_j} - \mu)^2 / df_b}{\sum\sum (x_{ij} - \overline{x_j})^2 / df_w}$$

을 이용하여 자료를 분석한다. 이는

$$\sum\sum(x_{ij} - \mu)^2 = \sum\sum (x_{ij} - \overline{x_j})^2 + \sum n_j(\overline{x_j} - \mu)^2$$ [85]

과 같은 의미의

$$SST = SSB + SSW$$

에서 유래되었다.[86]

이와 관련하여, F 값이란 집단 간 오차의 평균제곱(MSB : mean squares between groups)을 집단 내 오차의 평균제곱

---

85 이는 $x_{ij} = \mu + (\overline{x_j} - \mu) + (x_{ij} - \overline{x_j}) = \mu + \tau_j + e_{ij}$에 기초한다.

86 여기서 SST란 오차의 총제곱합(sum of squares total)이고, SSW란 집단 내 오차의 제곱합(sum of squares within groups)이며, SSB란 집단 간 오차의 제곱합(sum of squares between groups)을 말한다. 간혹 $SST = SSW + SSB$는 $SS_T = SS_E + SS_{TR}$로 표시하기도 한다. 무작위 오차(random error)에 의해 발생한 SS_E는 집단 내 오차인 SSW와 동일하고, 실험처리(treatment)에 의해 발생한 SS_{TR}은 집단 간 오차인 SSB와 동일하기 때문이다.

(MSW : mean squares within group)으로 나눈 값으로서[87],

$$F = \frac{MSB}{MSW} = \frac{SSB / df_b}{SSW / df_w}$$

라는 의미를 가진다. 집단 간 오차의 평균제곱(MSB)이란 집단 간 오차를 제곱한 것에 대한 평균을 뜻하며, 집단 내 오차의 평균제곱(MSW)이란 집단 내 오차를 제곱한 것에 대한 평균을 뜻한다. ANOVA는 이와 같은 분산의 비율인 F값에 대한 분석을 통하여 집단의 영향력에 대한 유무를 판단하는 것이다.

그런데 집단 간 오차의 제곱합은

$$\sum_{j=1}^{k} (\overline{x_j} - \mu)^2 = \sum_{j=1}^{k} \tau_j^2$$

---

87 집단 간 오차란 집단오차(체계적 오차)를 말하고, 집단 내 오차란 우연오차(비체계적 오차)를 말한다.

이고, 집단 내 오차의 제곱합은

$$\sum_{i=1}^{n}\sum_{j=1}^{k}(x_{ij} - \overline{x_j})^2 = \sum_{i=1}^{n}\sum_{j=1}^{k}e_{ij}^2$$

가 된다. 그러므로 F값은

$$F$$

$$= \frac{MSB}{MSW}$$

$$= \frac{SSB / df_b}{SSW / df_w}$$

$$= \frac{\sum(\overline{x_j} - \mu)^2 / (k-1)}{\sum\sum(x_{ij} - \overline{x_j})^2 / k(n-1)}$$

가 된다. 이는 결국

$$F$$

$$= \frac{\sum \tau_j^2 / (k-1)}{\sum\sum e_{ij}^2 / k(n-1)}$$

$$= \frac{\sum \tau_j^2 \,/\, df_b}{\sum\sum e_{ij}^2 / df_w}$$

로 해석된다. 여기서 검정통계량이

$$F = \frac{\sum (\overline{x_j} - \mu)^2 \,/\, (k-1)}{\sum\sum (x_{ij} - \overline{x_j})^2 / k\,(n-1)} \geq 0$$

에서 보듯이 F분포가 양(+)의 값만 가지는 분포를 하고 있기에, 편의상 우측검정을 많이 한다.

참조

DeGroot · Schervish(2008), 393–396;

Hogg · Tas(2006), 280–292, 359–392;

Trevedi, K. S.(2002), 193–288, 637–726;

김두섭 · 강남준(2000), 61–68;

김해경(2001), 459–489;

박성현(2007), 109–125;

안승철 · 이재원 · 최원(2006), 275–283;

이종원(1994), 208–370, 432–465, 599–623;

임종원(1981), 141–226, 268–288.

임종원 편(1996), 43–46;

채서일(2005), 330–361;

홍종선(2006), 238–264, 325–366.

정규분포의 수학

3.1 단일변량과 다변량

3.1.1 단일변량 정규분포의 수학

확률변수 x_i에 대한 정규분포인

$$f(x_i) = \frac{1}{\sigma\sqrt{2\pi}} \exp[-\frac{(x_i-\mu)^2}{2\sigma^2}]$$

은 종모양의 함수를 다음과 같이 변형시킨 것이다. 즉 정규분포의 확률밀도함수란 종모양의 함수인

$$f(x_i) = a \cdot \exp[-b\ x_i^2]$$

을 확률변수 x_i의 평균인 μ_{x_i}만큼 x_i축에서 위치이동한 식인

$$f(x_i) = a \cdot \exp[-b\ (x_i-\mu_{x_i})^2]$$

의 특수형태라 할 수 있다. 여기서 특수형태란 확률밀도함수의 합이

$$F(x_i)$$

$$= \int_{-\infty}^{\infty} f(x_i)\, dx_i$$

$$= \int_{-\infty}^{\infty} \frac{1}{\sigma\sqrt{2\pi}} \exp[-\frac{(x_i-\mu)^2}{2\sigma^2}]\ dx_i$$

$$= 1$$

이 되도록, 위의

$$f(x_i) = a \cdot \exp[-b\ (x_i - \mu_{x_i})^2]$$

을 특수하게 만든 형태라는 것이다.

요컨내, 정규분포의 성질을 설명하기 위해서는 우선 성규분포의 성질에 있어서 정규분포의 확률함수에 대한 식인

$$f(x_i) = \frac{1}{\sigma\sqrt{2\pi}} \exp[-\frac{(x_i-\mu)^2}{2\sigma^2}]$$

이 확률밀도함수인가를 증명해야 하는데, 이는 곧 확률밀도함수를 적분한 누적분포함수가

$$F(x)$$

$$= \int_{-\infty}^{\infty} f(x)\,dx$$

$$= \int_{-\infty}^{\infty} \frac{1}{\sigma\sqrt{2\pi}} \exp[-\frac{(x-\mu)^2}{2\sigma^2}]\,dx$$

$$= 1$$

임을 증명하는 것과 동일하다.[1]

---

1 정확히 말할 때에는 $y = f(x)$는 개념적인 수학에 있어서의 변수 x에 대한 함수이고, $y_i = f(x_i)$는 현실적인 실측치를 다루는 통계학에서의 확률변수 x_i에 대한 확률함수이다. 그리하여 위 식의 정확한 표현은

$$F(x_i) = \int \frac{1}{\sigma\sqrt{2\pi}} \exp[-\frac{(x_i-\mu)^2}{2\sigma^2}]\; dx_i$$

이다. 그럼에도 불구하고, 본서에서는 통계만을 다루므로 확률분포나 확률함수의 미적분에 대해서는 편의상 수학적인 함수표시인 $f(x)$를 사용한다. 본서에서도 정규분포의 밀도함수나 누적분포함수에 대해 관례에 따라 두 가지의 표현 모두를 혼용한다.

결국 표본집단 평균에 대한 표준정규분포의 확률밀도함수에 대한 기본형태의 식

$$f(z) = \frac{1}{\sqrt{2\pi}} \exp[-\frac{z^2}{2}]$$

을 도입하고,[2]

$$\int_{-\infty}^{\infty} f(z)\, dz$$

$$= \int_{-\infty}^{\infty} \frac{1}{\sqrt{2\pi}} \exp[-\frac{z^2}{2}]\, dz$$

$$= 1$$

임을 증명하면 된다. 이의 증명은 다음과 같이 전개된다. 우선

$$\int_{-\infty}^{\infty} f(z)\, dz = 1$$

이면, 이를 제곱해도 1이 되어야 한다. 이를 I로 표시하면,

---

2 나중에 정규분포의 식 $f(x) = \frac{1}{\sigma\sqrt{2\pi}} \exp[-\frac{(x-\mu)^2}{2\sigma^2}]$를 설명하기 위해, 편의상 $z\,(=\frac{x-\mu}{\sigma})$를 사용하였다.

$$I$$

$$= \left[\int_{-\infty}^{\infty} f(z)\,dz\right]^2$$

$$= \left[\frac{1}{\sqrt{2\pi}}\int_{-\infty}^{\infty} e^{-\frac{z^2}{2}}\,dz\right]^2$$

$$= \frac{1}{2\pi}\int_{-\infty}^{\infty} e^{-\frac{z^2}{2}}\,dz \cdot \int_{-\infty}^{\infty} e^{-\frac{y^2}{2}}\,dy$$

$$= \frac{1}{2\pi}\int_{-\infty}^{\infty}\int_{-\infty}^{\infty} e^{-\frac{z^2+y^2}{2}}\,dz\,dy$$

가 된다. 지금까지는 z와 y로 된 직교좌표를 썼는데, 이를 각도 θ와 반지름 r로 된 극좌표로 좌표변환하면

$$I$$

$$= \frac{1}{2\pi}\int_{-\infty}^{\infty}\int_{-\infty}^{\infty} e^{-\frac{z^2+y^2}{2}}\,dz\,dy$$

$$= \frac{1}{2\pi} \cdot \int_{0}^{2\pi}\int_{0}^{\infty} (e^{-\frac{r^2}{2}} \cdot r)\,d\theta\,dr$$

이 된다.

전술한 두 식의 적분을 볼 때, 직교좌표에서

$$z^2 + y^2 = r^2$$

이기에, 극좌표에서도 $e^{-\frac{z^2+y^2}{2}}$의 값이 $e^{-\frac{r^2}{2}}$이어야 될 것 같이 보인다. 그러나 극좌표에서는 $e^{-\frac{r^2}{2}}$만 계산하는 것이 아니라 $e^{-\frac{r^2}{2}}$에 r을 곱한 것, 즉 $e^{-\frac{r^2}{2}} \bullet r$을 적분해야 하는 식인

$$\frac{1}{2\pi}\int_{-\infty}^{\infty}\int_{-\infty}^{\infty} e^{-\frac{z^2+y^2}{2}} dz\, dy$$

$$= \frac{1}{2\pi} \bullet \int_0^{2\pi}\int_0^{\infty} (e^{-\frac{r^2}{2}} \bullet r) d\theta\, dr$$

로 된 것을 볼 수 있다.[3]

이제 위의 식

$$I = \frac{1}{2\pi} \bullet \int_0^{2\pi}\int_0^{\infty} (e^{-\frac{r^2}{2}} \bullet r) d\theta\, dr$$

---

3 $\frac{1}{2\pi}\int_{-\infty}^{\infty}\int_{-\infty}^{\infty} e^{-\frac{z^2+y^2}{2}} dz\, dy = \frac{1}{2\pi} \bullet \int_0^{2\pi}\int_0^{\infty} (e^{-\frac{r^2}{2}} \bullet r) d\theta\, dr$에서, $e^{-\frac{r^2}{2}}$에 r을 더 곱해야만 하는 이유에 대해서는 3.2.2에서 따로 다루기로 한다.

에서, 편의를 위해 적분의 내용인

$$\int_0^{\infty} (e^{-\frac{r^2}{2}} \cdot r)dr$$

부분만을 보기로 하면, 다음과 같이 전개된다. 먼저

$$-\frac{r^2}{2} = t$$

라 놓으면

$$\frac{dt}{dr} = -\frac{1}{2} \cdot 2 \cdot r = -r$$

이고

$$dr = \frac{dt}{-r}$$

이어서, 이를 위의 식에 대입하면

$$\int_0^{\infty} (e^{-\frac{r^2}{2}} \cdot r)dr$$

$$= \int_0^{\infty} (e^t \bullet r) \frac{dt}{-r}$$

$$= \int_0^{\infty} (-e^t) dt$$

$$= |-e^t|_0^{\infty}$$

$$= |-e^{-\frac{r^2}{2}}|_0^{\infty}$$

가 된다. 그리하여

$$I$$

$$= \frac{1}{2\pi} \bullet \int_0^{2\pi} \int_0^{\infty} (e^{-\frac{r^2}{2}} \bullet r) d\theta \, dr$$

$$= \frac{1}{2\pi} \bullet |\theta|_0^{2\pi} \bullet |-e^{-\frac{r^2}{2}}|_0^{\infty}$$

$$= \frac{1}{2\pi} \bullet 2\pi \bullet (-0+1)$$

$$= 1$$

이 된다. 지금까지

$$\int f(z)\,dz \ = 1$$

임을 증명하였다.

이제 식

$$\int f(z)\,dz$$

$$= \int \frac{1}{\sqrt{2\pi}} \exp[-\frac{z^2}{2}]\ dz$$

$$= 1$$

에 $z = \frac{x-\mu}{\sigma}$ 를 대입하면, $f(x)$ 를 적분한 식이

$$F(x)$$

$$= \int f(x)\,dx$$

$$= \int \frac{1}{\sigma\sqrt{2\pi}} \exp[-\frac{(x_i-\mu)^2}{2\sigma^2}]\,dx$$

$$= 1$$

이 되어, 정규분포가 확률밀도함수임을 증명하였다.

3.1.2 다변량 정규분포의 수학

3.1.1에서 설명한 정규분포의 확률밀도함수에 대한 식

$$f(x)$$

$$= \frac{1}{\sigma\sqrt{2\pi}} \exp[- \frac{1}{2} \cdot \frac{(x-\mu)^2}{\sigma^2}]$$

$$= \frac{1}{\sigma\sqrt{2\pi}} \exp[- \frac{1}{2} \cdot (x-\mu) \cdot (\sigma^2)^{-1} \cdot (x-\mu)]$$

는 x라는 하나의 변량을 가지는 정규분포의 식이다.

이를 확장시킬 경우, 여러 개의 변량, 즉 $x_1, x_2, \cdots, x_p$을 가지는 정규분포의 일반식은

$f(\underline{X})$[4]

$$= \frac{1}{(2\pi)^{\frac{p}{2}} \, |\Sigma|^{\frac{1}{2}}} \exp[-\frac{1}{2} \bullet (\underline{X} - \underline{\mu})' \Sigma^{-1} (\underline{X} - \underline{\mu})]$$

가 된다. 여기에

$$p = 1$$

을 대입하면, 3.1.1에서 제시한 단일변량 정규분포의 확률밀도함수와 같이

$f(x_1)$

$$= \frac{1}{(2\pi)^{\frac{1}{2}} \, |\sigma_1^2|^{\frac{1}{2}}} \exp[-\frac{1}{2} \bullet (x_1 - \mu_1)(\sigma_1^2)^{-1}(x_1 - \mu_1)]$$

$$= \frac{1}{\sigma\sqrt{2\pi}} \exp[-\frac{1}{2} \bullet \frac{(x-\mu)^2}{\sigma^2}]$$

이 된다.

---

4 여기서 $\underline{X}$라 함은 $(p \times 1)$ 열벡터를 말하며, $\underline{X}'$라 함은 그와 같은 행벡터를 말한다.

여기에 $p = 2$를 대입하면, 2변량 정규분포인

$$f(x_1, x_2)$$

$$= \frac{1}{(2\pi)^{\frac{2}{2}} \, |\Sigma|^{\frac{1}{2}}} \exp[-\frac{1}{2} \bullet (\underline{X} - \underline{\mu})' \Sigma^{-1} (\underline{X} - \underline{\mu})]$$

가 되고, 2변량 정규분포에서 확률변수는

$$\underline{X} = \begin{bmatrix} x_1 \\ x_2 \end{bmatrix}$$

이고, 평균은 다음과 같이

$$\underline{\mu} = \begin{bmatrix} \mu_1 \\ \mu_2 \end{bmatrix}$$

이며, 분산은

$$\Sigma = \begin{bmatrix} \sigma_{11} & \sigma_{12} \\ \sigma_{21} & \sigma_{22} \end{bmatrix}$$

가 된다.

1변량 정규분포인

$f(x_1)$

$$= \frac{1}{(2\pi)^{\frac{1}{2}} \left|\sigma_1^2\right|^{\frac{1}{2}}} \exp[-\frac{1}{2} \cdot (x_1 - \mu_1)(\sigma_1^2)^{-1}(x_1 - \mu_1)]$$

$$= \frac{1}{\sigma\sqrt{2\pi}} \exp[-\frac{1}{2} \cdot \frac{(x-\mu)^2}{\sigma^2}]$$

의 $\frac{1}{\sigma^2}$에 해당하는 것은, 2변량 정규분포인

$f(x_1, x_2)$

$$= \frac{1}{(2\pi)^{\frac{2}{2}} \left|\Sigma\right|^{\frac{1}{2}}} \exp[-\frac{1}{2} \cdot (\underline{X} - \underline{\mu})' \Sigma^{-1} (\underline{X} - \underline{\mu})]$$

에서는 Σ^{-1}이다. 이는 Σ의 역행렬인

Σ^{-1}

$$= \frac{1}{|\Sigma|} \begin{bmatrix} \sigma_{22} & -\sigma_{12} \\ -\sigma_{21} & \sigma_{11} \end{bmatrix}$$

$$= \frac{1}{\sigma_{11}\sigma_{22}(1-\sigma_{12})} \begin{bmatrix} \sigma_{22} & -\sigma_{12} \\ -\sigma_{21} & \sigma_{11} \end{bmatrix}$$

이다. 그리하여 2변량 정규분포의 식은

$f(x_1, x_2)$

$$= \frac{1}{(2\pi)^{\frac{2}{2}} |\Sigma|^{\frac{1}{2}}} \exp[-\frac{1}{2} \cdot (\underline{X} - \underline{\mu})' \Sigma^{-1} (\underline{X} - \underline{\mu})]$$

$$= \frac{1}{2\pi \sqrt{\sigma_{11}\sigma_{22}(1-\sigma_{12})}} \cdot$$

$$\exp[-\frac{1}{2} \cdot (\underline{X} - \underline{\mu})' \cdot \frac{1}{\sigma_{11}\sigma_{22}(1-\sigma_{12})} \begin{bmatrix} \sigma_{22} & -\sigma_{12} \\ -\sigma_{21} & \sigma_{11} \end{bmatrix} \cdot (\underline{X} - \underline{\mu})]$$

로 풀어 쓸 수 있다. 여기서 두 변수가 독립적, 즉

$$\sigma_{12} = 0$$

이라면, 다음과 같이

$$f(x_1, \ x_2)$$

$$= \frac{1}{2\pi\sqrt{\sigma_{11}\sigma_{22}}} \ \exp[-\frac{1}{2} \cdot (\ (\frac{x_1 - \mu_1}{\sqrt{\sigma_{11}}})^2 + (\frac{x_2 - \mu_2}{\sqrt{\sigma_{22}}})^2 \ )]$$

$$= f(x_1) \cdot f(x_2)$$

가 된다.

당연히 $p = 3$ 이상인 다변량 정규분포도 이와 같은 방법으로 가능하나, 지면상 생략하기로 한다.

3.2 정규분포의 부분에 대한 수학

3.2.1 변수변환과 범위

전술한 3.1.1에서

$$\frac{1}{2\pi}\int_{-\infty}^{\infty}\int_{-\infty}^{\infty} e^{-\frac{z^2+y^2}{2}} dz \, dy$$

$$= \frac{1}{2\pi} \cdot \int_0^{2\pi}\int_0^{\infty}(e^{-\frac{r^2}{2}} \cdot r)d\theta\, dr$$

로 되는 과정에서, 극좌표에서는 $e^{-\frac{r^2}{2}}$만 적분하는 것이 아니라, $e^{-\frac{r^2}{2}}$에 r을 곱한 것, 즉 $e^{-\frac{r^2}{2}} \cdot r$을 적분해야 한다고 하였다. 이와 같이 $e^{-\frac{r^2}{2}}$만 적분하는 것이 아니라 $e^{-\frac{r^2}{2}} \cdot r$을 적분해야 하는 이유에는, 다음과 같은 네 가지 사항이 존재하기 때문이다.

첫째, 직교좌표 z와 y가 극좌표인 θ와 r로 변수변환하여, [그림 3-1]에서 보듯이 직교좌표계에서의 한 점 $P(z, y)$가 극좌표계에서 $P(r, \theta)$로 바뀐 것이다.[5] 즉,

$$z^2 + y^2$$

$$= r^2(\cos^2\theta + \sin^2\theta)$$

$$= r^2(1)$$

$$= r^2$$

5 직교좌표인 $P(z, y)$와 극좌표인 $P(r, \theta)$는 동일한 점이다. 단지 좌표계가 다를 뿐이다.

이 이용될

$$z = r\cos\theta$$

와

$$y = r\sin\theta$$

의 변수변환을 하였던 것이다.

[그림 3-1]

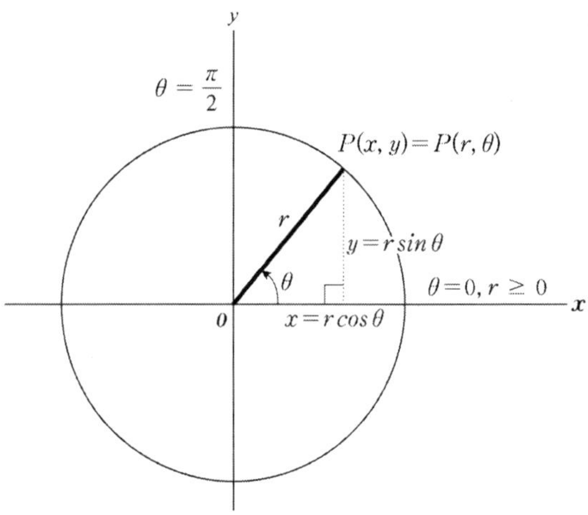

참조 : Giordano/Weir/Finney(2005), 348.

둘째, z와 y의 축을 r과 θ의 극좌표로 바꾸면, 변수변환된

정규분포가 갖는 r_i와 θ_i의 범위는 달라진다. 즉, r_i는

$$z^2 + y^2 = r^2(\cos^2\theta + \sin^2\theta) = r^2$$

이라는 원의 반지름(≥ 0)이기에

$$0 \leq r_i \leq \infty$$

이고, θ_i는 현의 각도이어서

$$0 \leq \theta_i \leq 2\pi$$

이다. 그리하여

$$\int_{-\infty}^{\infty} \int_{-\infty}^{\infty} f(z,y)\, dz\, dy$$

는

$$\int_0^{2\pi} \int_0^{\infty} g(\theta, r)\, d\theta dr$$

로 바뀌게 되었다.

3.2.2 $e^{-\frac{r^2}{2}} \cdot r$의 문제

3.2.1의 정규분포의 성질과 관련한

$$I$$

$$= \frac{1}{2\pi} \int_{-\infty}^{\infty} \int_{-\infty}^{\infty} e^{-\frac{z^2+y^2}{2}} dz\, dy$$

$$= \frac{1}{2\pi} \cdot \int_{0}^{2\pi} \int_{0}^{\infty} (e^{-\frac{r^2}{2}} \cdot r) d\theta\, dr$$

에서, 직교좌표의

$$z^2 + y^2 = r^2$$

을 극좌표에서 적분하려면 $e^{-\frac{r^2}{2}}$이 아닌 $e^{-\frac{r^2}{2}} \cdot r$을 적분해야 한다고 하였다. 그 이유는 3.3의 극좌표법 또는 3.4의 치환적분법[6]

6 이해의 편의를 위해 극좌표법은 3.3에서 설명하고, 치환적분법은 3.4에서 설명

으로 증명할 수 있다.

3.3 극좌표법을 통한 수식전개

3.3.1 구분구적법과 극좌표법

z와 y로 된 직교좌표에서의

$$\int_{-\infty}^{\infty}\int_{-\infty}^{\infty} f(z,y)\,dz\,dy$$

나, r과 θ로 된 극좌표에서의

$$\int_{0}^{2\pi}\int_{0}^{\infty} g(\theta,r)\,d\theta dr$$

은 독립변수가 두 개인 함수에 대한 적분인 이중적분(double integral)이다.[7]

한다.

7 독립변수가 두 개 이상인 함수에 대한 적분은 중적분(multiple integral)이라 한다.

변수가 하나인 직교좌표의 함수에 대한 적분에 대한 구분구적법(mensuration by parts)의 원칙은 다음과 같다는 것을 알고 있다. 즉, k와 무관하게 일정한 밑변인 $\triangle x$에다가 높이인 $f(x_k)$를 곱해 그 면적의 합인

$$\lim_{n \to \infty} \sum_{k=1}^{n} [f(x_k) \cdot \triangle x]$$

를 구한다. 변수가 두 개인 극좌표에서의 이중적분에 대한 구분구적법의 원칙도 마찬가지의 원리가 적용된다. 즉, [그림 3-2]에서 보듯이 k에 따라 변하는 밑넓이인 $\triangle A_k$에다가 높이인 $f(r_k, \theta_k)$를 곱해 그 입방체의 합인

$$\lim_{n \to \infty} \sum_{k=1}^{n} [f(r_k, \theta_k) \cdot \triangle A_k]$$

를 구하는 것과 같은 원리가 필요한 것이다. 여기서 r_k는 밑넓이인 $\triangle A_k$의 중간을 지나는 반지름의 중간점을 말한다.

[그림 3-2]

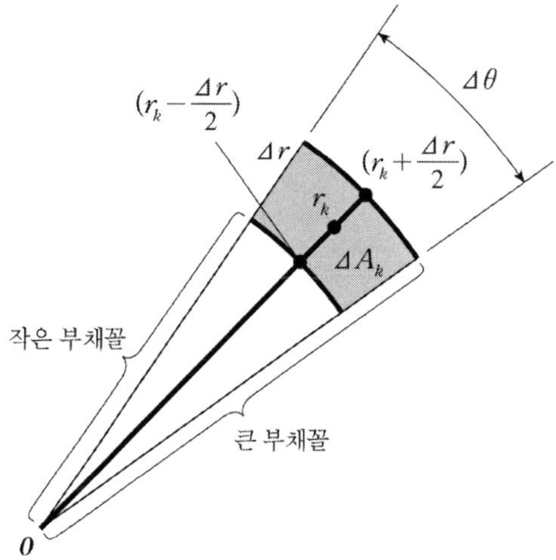

참조 : Giordano/Weir/Finney(2005), 350.

밑넓이인 $\triangle A_k$는 θ_k각도를 가진 반지름이 $(r_k + \frac{\Delta r}{2})$의 부채꼴이 넓이에서 θ_k각두를 가진 반지름이 $(r_{k} - \frac{\Delta r}{2})$의 부채꼴의 넓이를 뺀 것이다. 즉

$$\triangle A_k$$

$$= \frac{1}{2} \cdot \triangle\theta \cdot (r_k + \frac{\Delta r}{2})^2 - \frac{1}{2} \cdot \triangle\theta \cdot (r_k - \frac{\Delta r}{2})^2$$ [8]

---

8 θ라디안의 부채꼴의 넓이는 $2\pi : \theta = \pi r^2 : x$에서 $x = \frac{1}{2}\theta r^2$이다. 그리하여 θ라디안의 각도를 가지고 반지름이 $(r_k + \frac{\Delta r}{2})$인 경우의 부채꼴의 넓이는

$$= \frac{1}{2} \cdot \triangle\theta \cdot (2 r_k \triangle r)$$

$$= r_k \cdot \triangle r \cdot \triangle\theta$$

가 된다.

그리하여 밑넓이 $\triangle A_k$이고 높이가 $f(r_k,\ \theta_k)$인 입방체의 부피는

$$\triangle S_k$$

$$= f\ (r_k,\ \theta_k) \cdot r_k \cdot \triangle r \cdot \triangle\theta$$

가 된다. 이의 합은

$$S$$

$$= \lim_{n\to\infty} \sum_{k=1}^{n} [\, f\ (r_k,\ \theta_k) \cdot \triangle A_k]$$

$\frac{1}{2} \cdot \triangle\theta \cdot (r_k + \frac{\triangle r}{2})^2$ 이 된다.

$$= \lim_{n \to \infty} \sum_{k=1}^{n} [f(r_k, \theta_k) \cdot r_k \cdot \triangle r \cdot \triangle \theta]$$

가 된다. 이 식을 연속으로 나타내면

$$S = \iint [f(r, \theta) \cdot r] \, dr \, d\theta$$

가 된다. 이리하여 $e^{-\frac{r^2}{2}}$만 적분하는 것이 아니라, $e^{-\frac{r^2}{2}}$에 r을 곱한 것, 즉 $e^{-\frac{r^2}{2}} \cdot r$을 적분해야 하는 이유에 대해 구분구적법을 이용하여 설명하였다.

이제 구하고자 하는 식에 내입하면[9]

$$I$$

$$= \frac{1}{2\pi} \int_{-\infty}^{\infty} \int_{-\infty}^{\infty} e^{-\frac{z^2 + y^2}{2}} dz \, dy$$

$$= \frac{1}{2\pi} \cdot \int_{0}^{2\pi} \int_{0}^{\infty} (e^{-\frac{r^2}{2}} \cdot r) d\theta \, dr$$

9 $0 \le r_i \le \infty$와 $0 \le \theta_i \le 2\pi$의 범위를 가진다.

$$= 1$$

은 증명된다.

3.3.2 수식전개

$\frac{1}{2\pi}\int_{-\infty}^{\infty}\int_{-\infty}^{\infty} e^{-\frac{x^2+y^2}{2}} dx\, dy$는 직교좌표에서의 적분이고, $\frac{1}{2\pi} \cdot \int_{0}^{2\pi}\int_{0}^{\infty}(e^{-\frac{r^2}{2}} \cdot r)d\theta\, dr$ 은 극좌표에서의 적분이다. 이러한 관계로, 직교좌표와 극좌표의 성질에 대해 알아본다.

어떤 점 $P(x, y)$에 대한 표시를 할 때, 직교좌표(rectangular coordinates)로 표시하는 경우와 극좌표(polar coordinates)로 표시하는 경우는 다르다. 이를 위해 다음의 경우를 보기로 한다. 전에 다루었던 [그림 3-1]에서 보듯이

$$x^2 + y^2 = r^2$$

의 성질을 가지는 점 $P(x, y)$가 있다고 하자.[10] 여기서 전에 다

10 물론 n차원으로 확대할 수 있으나, 여기에서는 극좌표와 비교하기 위해 편의상 2차원을 상정한다. 그리고 $x^2 + y^2 = r^2(\cos^2\theta + \sin^2\theta) = r^2(1) = r^2$이다.

루었던 [그림 3-2]는 극좌표계에서의 영역 R을 m등분한 소영역의 극직사각형인 R_k에 대한 것이며, 극직사각형인 R_k의 면적은 [그림 3-3]에서 볼 때

$$S_n = \sum_{k=1}^{n} f(r_k, \theta_k) \triangle A_k$$

가 된다.[11]

[그림 3-3]

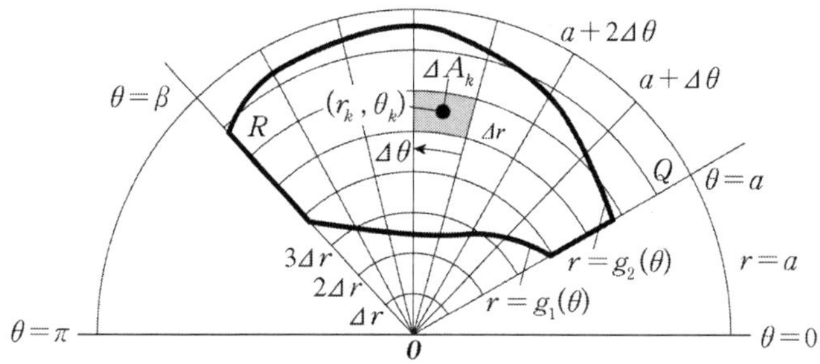

참조 : Giordano/Weir/Finney(2005), 349.

그런데 이러한 직교좌표를 원점에서 점 P에 대한 좌표점까지의 거리(r)와 각도(θ)로 나타내는 극좌표로 바꾸면, 직교좌표에서의 점 P는 다르게 표시된다. [그림 3-1]의 $P(r, \theta)$와 같이, 거리와 각도를 나타낸 것을 극좌표라 한다. 즉, $P(x, y)$는 직교좌표이고, $P(r, \theta)$는 극좌표이다. 물론 직교좌표 $P(x, y)$와 극좌

11 f가 극좌표계에서의 영역 R에서 연속이면, 이 식은 $S_n = \iint_R f(r, \theta)\, dA$가 된다.

표 $P(r, \theta)$는 다르게 표시되었을 뿐, $P(x, y)$와 $P(r, \theta)$는 동일한 점이다.

이러한 성질로 인해, 직교좌표와 극좌표에 대한 성질은 다음과 같이

$$dx \cdot dy \Rightarrow r \cdot dr \cdot d\theta$$

달라진다.[12]

첫째, 극좌표에서

$$r^2 \cdot \sin\theta \cdot \cos\theta = k \ (k\text{는 상수})$$

라는 식은, 직교좌표에서

$$x \cdot y = k$$

로 바뀐다. 왜냐하면,

---

12 후술하듯이, 이러한 성질은 정규분포를 유도하는 데에 있어 큰 차이점을 보인다.

$$r^2 \cdot \sin\theta \cdot \cos\theta$$

$$= r\sin\theta \cdot r\cos\theta$$

$$= x \cdot y\,(= k)$$

이기 때문이다.

둘째, 이러한 성질은

$$dx \cdot dy \Rightarrow r \cdot dr \cdot d\theta$$

가 되는데, 이는 [그림 3-4]에서 보듯이 이중적분에 매우 유용하게 적용된다[13].

---

13 내용의 측면에서 볼 때, [그림 3-4]은 [그림 3-2]와 같다. 단지 [그림 3-4]은 정규분포의 특성인 $F(x) = 1$을 설명하기 위한 그림이며, [그림 3-2]는 $e^{-\frac{r^2}{2}} \cdot r$의 구분구적법과 극좌표법을 설명하기 위한 그림이다.

[그림 3-4]

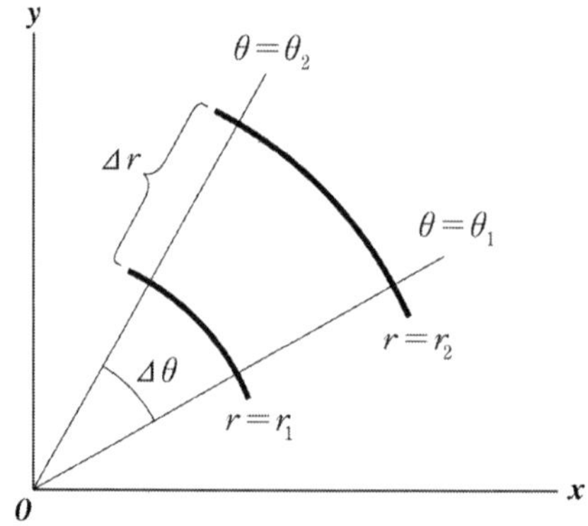

1059의 그림 13.27C -

참조 : Smith/Minton(2007), 1059.

반지름 r_2와 반지름 r_1의 사이에 있으며 $\triangle\theta$각을 가지고 있는 현의 넓이는

$$\triangle A$$

$$= (\frac{1}{2} \bullet \triangle\theta \bullet r_2^2) - (\frac{1}{2} \bullet \triangle\theta \bullet r_1^2)$$

$$= \frac{1}{2} \bullet \triangle\theta \bullet (r_2^2 - r_1^2)$$

$$= \frac{1}{2} \bullet (r_2 + r_1) \bullet (r_2 - r_1) \bullet \triangle\theta$$

가 된다.

여기서 반지름 r_2와 반지름 r_1의 중간이 되는 반지름을 $\bar{r}$이라 하면

$$\bar{r} = \frac{1}{2}(r_2 + r_1)$$

이 된다. 이를 위 식에 대입하면

$$\begin{aligned} \triangle A & \\ &= \frac{1}{2} \bullet (r_2 + r_1) \bullet (r_2 - r_1) \bullet \triangle\theta \\ &= \bar{r} \bullet (r_2 - r_1) \bullet \triangle\theta \\ &= \bar{r} \bullet \triangle r \bullet \triangle\theta \end{aligned}$$

가 되는데, 이를 통해 직교좌표와 극좌표의 관계에서

$$dx \cdot dy \Rightarrow r \cdot dr \cdot d\theta$$

가 되는 이유를 알 수 있다. 예를 들어, 정규분포를 유도하는 과정에서 정규분포의 식인

$$\frac{1}{\sqrt{2\pi}}\int_{-\infty}^{\infty} e^{-\frac{x^2}{2}}\,dx$$

를 제곱한

$$[\frac{1}{\sqrt{2\pi}}\int_{-\infty}^{\infty} e^{-\frac{x^2}{2}}\,dx\,]^2$$

을 전개할 때,

$$[\frac{1}{\sqrt{2\pi}}\int_{-\infty}^{\infty} e^{-\frac{x^2}{2}}\,dx\,]^2$$

$$= \frac{1}{2\pi}\int_{-\infty}^{\infty} e^{-\frac{x^2}{2}}\,dx \cdot \int_{-\infty}^{\infty} e^{-\frac{y^2}{2}}\,dy$$

$$= \frac{1}{2\pi}\int_{-\infty}^{\infty}\int_{-\infty}^{\infty} e^{-\frac{x^2+y^2}{2}}\,dx\,dy$$

$$= \frac{1}{2\pi} \cdot \int_0^{2\pi}\int_0^{\infty} (e^{-\frac{r^2}{2}} \cdot r)d\theta\, dr$$

이 되는 이유가, 이러한 성질에 연유한다. 여기에서

$$\frac{1}{2\pi}\int_{-\infty}^{\infty}\int_{-\infty}^{\infty} e^{-\frac{x^2+y^2}{2}}dx\, dy$$

$$= \frac{1}{2\pi} \cdot \int_0^{2\pi}\int_0^{\infty} (e^{-\frac{r^2}{2}} \cdot r)d\theta\, dr$$

의 두 식에 대한 적분을 볼 때, 직교좌표에서

$$x^2 + y^2 = r^2$$

이기에, 극좌표에서도 $e^{-\frac{x^2+y^2}{2}}$ 의 값이 $e^{-\frac{r^2}{2}}$ 이어야 될 것 같이 보인다. 그러나 극좌표에서는 $e^{-\frac{r^2}{2}}$ 만 계산하는 것이 아니라, $e^{-\frac{r^2}{2}}$ 에 r을 곱한 것(즉 $e^{-\frac{r^2}{2}} \cdot r$)을 적분해야 한다.

그리고 이와 같이 극좌표와 직교좌표의 관계식을 이용하면,

변수변환(transformation of variable)할 수 있다. x와 y의 직교 좌표를 r과 θ의 극좌표로 바꾸면, 변수변환된 정규분포가 갖는 r과 θ의 범위는 달라진다. 즉 r는 원의 반지름(≥ 0)이기에

$$0 \leq r \leq \infty$$

이고, θ_i는 현의 각도이기에

$$0 \leq \theta \leq 2\pi$$

이다. 그리하여

$$\int_{-\infty}^{\infty}\int_{-\infty}^{\infty} f(x,y)\,dx\,dy$$

의 형태인

$$\frac{1}{2\pi}\int_{-\infty}^{\infty}\int_{-\infty}^{\infty} e^{-\frac{x^2+y^2}{2}}\,dx\,dy$$

는

$$\int_{0}^{2\pi}\int_{0}^{\infty} g(\theta, r)\,d\theta dr$$

의

$$\frac{1}{2\pi} \cdot \int_0^{2\pi}\int_0^{\infty} e^{-\frac{r^2}{2}} r\, d\theta\, dr$$

로 바뀌게 된다[14].

3.4 치환적분법을 통한 수식전개

지금까지

$$\frac{1}{2\pi}\int_{-\infty}^{\infty}\int_{-\infty}^{\infty} e^{-\frac{x^2+y^2}{2}} dx\, dy$$

$$= \frac{1}{2\pi} \cdot \int_0^{2\pi}\int_0^{\infty} (e^{-\frac{r^2}{2}} \cdot r) d\theta\, dr$$

에서 $e^{-\frac{x^2+y^2}{2}}$ 의 값이 $e^{-\frac{r^2}{2}} \cdot r$이 되는 이유에 대해 극좌표의 성질을 통해 알아보았는데, 여기에서는 그 이유를 치환적분법을 통해 알아보기로 한다.[15] 치환적분법의 성질을 알기 위해, 치환적

14 3.1.1에서 간단히 정규분포의 특성인 $F(x) = 1$의 증명에 대한 개요를 설명했는데, 그 때에는 이 장에서 설명한 구분구적법에 의한 극좌표법만을 사용한 것을 볼 수 있다.

15 $e^{-\frac{x^2+y^2}{2}}$ 의 값이 $e^{-\frac{r^2}{2}} \cdot r$이 되는 이유를 설명하는 방법에는, 3.2.2에서 극좌

분법과 유사한 부분적분법과 이중적분에 대한 치환적분법을 먼저 설명하기로 한다.

3.4.1 치환적분법과 부분적분법

부분적분법(integration by parts)이란 x에 대한 식 u와 v의 곱을 미분하는

$$(uv)' = uv' + u'v$$

에서 유도된 적분법이다.[16] 즉, 부분적분법에 따라 이 식을 적분하면,

$$uv = \int uv' \, dx + \int u'v \, dx$$

가 되는데, 여기서

$$\int uv' \, dx = uv - \int u'v \, dx$$

표의 성질과 치환적분의 성질을 통한 방법이 있다고 하였다.

16 여기서 $u = f(x)$, $v = g(x)$이다.

가 된다.

이와 같이 부분적분법이란 피적분함수가 두함수의 곱으로 되어 있는 것을 부분으로 나누어 적분하는 방법을 말한다. 그리고 치환적분법(integration by substitution)이란 변수 x를 함수 $g(t)$로 치환(substitution)하여 적분하는 방법을 말한다. 부분적분법과 치환적분법은 정의상 전혀 관련 없어 보이나, 피적분함수가 두함수의 곱으로 되어 있는 경우는 두 방법이 모두 가능해질 때가 있다. 예를 들어, 특수한 경우인 $\int x \cdot e^{x^2} dx$는 두 방법 모두 가능하다.[17] 먼저 치환적분법으로 풀기로 하고,

$$x^2 = z$$

로 치환하기로 한다. 양변을 z로 미분하면

$$2x \frac{dx}{dz} = 1$$

이 되어,

17 특수한 경우인 이유는, e^{x^2}에서의 x^2을 미분하면 $2 \cdot x^{2-1}$이 되기 때문이다. 즉, $2x(= 2 \cdot x^{2-1})$는 $x \cdot e^{x^2}$에서의 x와 동차를 이루는 경우이기 때문이다.

$$x\,dx = \frac{1}{2}dz$$

가 된다. 이를 원식에 대입하면

$$\int x \cdot e^{x^2} dx$$

$$= \int e^{x^2} \cdot x\, dx$$

$$= \int e^{z} \cdot \frac{1}{2}\, dz$$

$$= \frac{1}{2}\int e^{z}\, dz$$

$$= \frac{1}{2}e^{z} + C$$

$$= \frac{1}{2}e^{x^2} + C$$

가 된다.[18] 그런데 피적분함수가 두함수의 곱으로 되어 있는 경우, 부분적분법으로는 풀리나 치환적분법으로는 안 풀리는 경우가

18 그리고 $\int x \cdot e^{x^2} dx$는 피적분함수가 두함수의 곱으로 되어 있는 경우이기에, 부분적분법으로도 풀 수 있다.

있다. 이와 유사한 식인 $\int x \cdot e^{2x}\,dx$ 의 예에 대하여, 전술한 부분적분법인

$$\int uv'\ dx\ = uv\ - \int u'v\ dx$$

의 식을 빌려 풀면[19],

$$\int x \cdot e^{2x}\,dx$$

$$= x \cdot \frac{1}{2}e^{2x} - \int 1 \cdot \frac{1}{2}e^{2x}\ dx$$

$$= x \cdot \frac{1}{2}e^{2x} - \frac{1}{2}\int 1 \cdot e^{2x}\ dx$$

$$= x \cdot \frac{1}{2}e^{2x} - \frac{1}{4}e^{2x} + C$$

$$= \frac{1}{2}e^{2x}\,(x - \frac{1}{2}) + C$$

19 즉 $u = x$와 $v' = e^{2x}$가 된다.

와 같이 부분적분법으로는 당연히 풀린다. 그러나 이를 치환적분법으로 풀면 다음과 같은 문제점이 생긴다. 왜냐하면, 전술한 예인 $\int x \cdot e^{x^2} dx$의 경우에는

$$x\,dx = \frac{1}{2}dt$$

와 같이 x와 dx를 곱한 형태가 존재하여 dz를 생성할 수 있었는데, $\int x \cdot e^{2x} dx$의 경우는 그러지 아니하기 때문이다.[20]

요컨대, 피적분함수가 두함수의 곱으로 되어 있는 경우는 모두 부분적분법으로 풀 수 있으나, 치환적분법은 제한적으로만 가능하다. 즉 dz가 x와 dx를 곱한 형태에 한하여, 치환적분법이 가능한 것이다.

---

20 전술한 바와 같이, $\int x \cdot e^{x^2} dx$의 경우 $x^2 = z$로 치환한 후 t로 미분하면 $2 \cdot x^{2-1} \cdot \frac{dx}{dz} = 1$이 된다. 즉, e^{x^2}에서의 x^2을 미분하면 $2 \cdot x^{2-1}$이 되고, $2x(= 2 \cdot x^{2-1})$는 $x \cdot e^{x^2}$에서의 x와 동차를 이룬다. 그러나 $\int x \cdot e^{2x} dx$의 경우 $2x = z$로 치환한 후 z로 미분하면 $2x^{1-1} \cdot \frac{dx}{dz} = 1$이 되어, $x^0(= x^{1-1})$은 $x \cdot e^{2x}$의 x와 동차를 이루지 못한다. 즉 dz가 x와 dx를 곱한 형태가 되지 못한다.

3.4.2 이중적분에 대한 치환적분법

특수한 경우인

$$\int (e^{u^2} \cdot u)\, du$$

는 치환적분법으로 풀 수 있다고 하였는데, [21]

$$u^2 = z$$

로 치환하여 양변을 z로 미분하면

$$2u\frac{du}{dz} = 1$$

이 되어,

$$u\, du = \frac{1}{2}dz$$

가 된다. 이 식은 e^{u^2}에서의 u^2을 u로 미분할 경우

---

21 $\int (e^{u^2} \cdot u)\, du$는 3.4.1에서 제시한 $\int x \cdot e^{x^2} dx$에서 앞으로의 설명을 위해 편의상 x를 u로 바꾼 식이다. 물론 의미는 동일하다.

$$2 \cdot u^{2-1} = 2u$$

가 된다. 이제 이를 일반화시켜 u^2 대신 $f(u)$로 놓으면, e^{u^2} 대신 $e^{f(u)}$, 즉 $g(f(u))$가 된다. $g(f(u))$에서의 $f(u)$을 u로 미분할 경우, 그 값은

$$2 \cdot u^{2-1} (= 2u)$$

대신

$$\frac{df(u)}{du}$$

가 된다. 그러면 위 식의 전개과정 중에 있는

$$\int e^{u^2} \cdot u \ du$$

는

$$\int g(f(u)) \cdot \frac{df(u)}{du} \ du$$

로 바뀐다. 이제 u만으로의 적분을 u와 v로의 이중적분에 확대 적용하면,

$$\int\int g(f(u,v), h(u,v)) \cdot \left| \frac{\partial(p(u),\ q(v))}{\partial(u,v)} \right| du\, dv$$

가 된다.[22]

그러면 직교좌표에서의

$$\left| \frac{\partial(p(u),\ q(v))}{\partial(u,v)} \right| du\ dv\ =\ \left| \frac{\partial(x,\ y)}{\partial(u,v)} \right| du\, dv$$

가 극좌표의 $r\ d\theta\ dr$과 같은 의미인가를 증명해 보기로 한다.[23]

직교좌표와 극좌표의 관계에서

$$x\ =\ r\cos\theta$$

$$y\ =\ r\sin\theta$$

---

22 보론 3의 야코비안 행렬식에 의한 이중적분법을 쉽게 설명하고자, 편리한 방법을 택한 것을 이해하길 바란다.

23 $\left| \frac{\partial(x,y)}{\partial(u,v)} \right| = \begin{vmatrix} \frac{\partial x}{\partial r} & \frac{\partial x}{\partial \theta} \\ \frac{\partial y}{\partial r} & \frac{\partial y}{\partial \theta} \end{vmatrix}$는 야코비안 행렬식(Jacobian determinant)이다. 그리고 $x=p(u)$, $y=q(v)$로 치환한 것이다. 야코비안 행렬식에 대해서는 보론 3에서 상술한다.

이므로,

$$\left|\frac{\partial(x,y)}{\partial(u,v)}\right| du\ dv$$

$$= \begin{vmatrix} \frac{\partial x}{\partial r} & \frac{\partial x}{\partial \theta} \\ \frac{\partial y}{\partial r} & \frac{\partial y}{\partial \theta} \end{vmatrix} du\ dv$$

$$= \begin{vmatrix} \cos\theta & -r\sin\theta \\ \sin\theta & r\cos\theta \end{vmatrix} du\ dv$$

$$= (r\cos^2\theta + r\sin^2\theta) du\ dv$$

$$= r(\cos^2\theta + \sin^2\theta) du\ dv$$

$$= r\ du\ dv$$

이다. 그러므로 직교좌표에서의

$$\left|\frac{\partial(x,y)}{\partial(u,v)}\right| du\ dv = \left|\frac{\partial(p(u),\ q(v))}{\partial(u,v)}\right| du\ dv$$

가 극좌표의 $r\ d\theta\ dr$과 같은 의미를 가진다.

3.4.3 야코비안 행렬식에 의한 정규분포의 성질

구분구적법을 통해

$$\triangle A$$

$$= \frac{1}{2} \bullet (r_2 + r_1) \bullet (r_2 - r_1) \bullet \triangle\theta$$

$$= \bar{r} \bullet (r_2 - r_1) \bullet \triangle\theta$$

$$= \bar{r} \bullet \triangle r \bullet \triangle\theta$$

가 되어, 이를 통해 직교좌표와 극좌표의 관계에서

$$dx \bullet dy \Rightarrow r \bullet dr \bullet d\theta$$

가 되고,

$$\frac{1}{2\pi} \int_{-\infty}^{\infty} \int_{-\infty}^{\infty} e^{-\frac{x^2+y^2}{2}} dx\, dy$$

$$= \frac{1}{2\pi} \cdot \int_0^{2\pi}\int_0^{\infty}(e^{-\frac{r^2}{2}} \cdot r)d\theta\, dr$$

이 된다고 하였다. 그런데 이를 야코비안 행렬식인 $|J|$로의 치환적분법을 이용하면

$$\frac{1}{2\pi} \cdot \int_{-\infty}^{\infty}\int_{-\infty}^{\infty}(e^{-\frac{z^2+y^2}{2}})dz\, dy$$

$$= \frac{1}{2\pi} \cdot \int_0^{2\pi}(1)d\theta \cdot \int_0^{\infty}[(e^{-\frac{r^2}{2}}) \cdot |J|]\, dr$$

$$= \frac{1}{2\pi} \cdot \int_0^{2\pi}(1)d\theta \cdot \int_0^{\infty}[(e^{-\frac{r^2}{2}}) \cdot r]\, dr$$

이 된다[24]. 그리하여

$$\frac{1}{2\pi}\int_{-\infty}^{\infty}\int_{-\infty}^{\infty}e^{-\frac{z^2+y^2}{2}}dz\, dy$$

$$= \frac{1}{2\pi} \cdot \int_0^{2\pi}\int_0^{\infty}(e^{-\frac{r^2}{2}} \cdot r)d\theta\, dr$$

이 된다.

24 이에 대해서는 보론 3에서 증명한다.

지금까지

$$\frac{1}{2\pi}\int_{-\infty}^{\infty}\int_{-\infty}^{\infty} e^{-\frac{z^2+y^2}{2}}\, dz\, dy$$

$$= \frac{1}{2\pi} \bullet \int_{0}^{2\pi}\int_{0}^{\infty} (e^{-\frac{r^2}{2}} \bullet r)d\theta\, dr$$

이 되는 이유에 대해 치환적분의 성질을 통해 알아보았는데,[25] 나머지 정규분포가 확률함수가 되는

$$\frac{1}{2\pi} \bullet \int_{0}^{2\pi}\int_{0}^{\infty} (e^{-\frac{r^2}{2}} \bullet r)d\theta\, dr = 1$$

의 과정은 극좌표의 경우와 동일하기에, 여기에서는 생략하기로 한다.

---

25 $\frac{1}{2\pi}\int_{-\infty}^{\infty}\int_{-\infty}^{\infty} e^{-\frac{x^2+y^2}{2}}\, dx\, dy = \frac{1}{2\pi} \bullet \int_{0}^{2\pi}\int_{0}^{\infty} (e^{-\frac{r^2}{2}} \bullet r)d\theta\, dr$에서 $e^{-\frac{x^2+y^2}{2}}$의 값이 $e^{-\frac{r^2}{2}} \bullet r$이 되는 이유를 설명하는 방법에는, 극좌표의 성질과 치환적분의 성질을 통한 방법이 있다고 하였다.

보론 3 야코비안 행렬

다음의 식

$$\frac{\partial(\underline{\beta}'\,\underline{X}'\,\underline{X}\underline{\beta})}{\partial\underline{\beta}} = 2\,\underline{X}'\underline{X}\,\underline{\beta}$$

을 보기 위해 대칭행렬($\underline{\beta}'\,\underline{X}'\underline{X}\,\underline{\beta}$)을 일반행렬($\underline{\beta}$)로 미분하였는데, 이 장에서는 특수한 행렬인 대칭행렬이 아니라 일반행렬을 일반행렬로 미분하는 경우를 보기로 한다. 즉, $m\times1$차원의 함수벡터인

$$g(\underline{X}) = \begin{bmatrix} g^1(\underline{X}) \\ g^2(\underline{X}) \\ \vdots \\ g^m(\underline{X}) \end{bmatrix}_{m\times1}$$

를[26] $n\times1$차원의

$$\underline{X} = \begin{bmatrix} x_1 \\ x_2 \\ \vdots \\ x_n \end{bmatrix}_{n\times1}$$

26 여기서 하나의 요소행렬인 $g^m(\underline{X})$의 뜻은 m번째 요소행렬이란 뜻이다. 즉, 함수를 m제곱하는 뜻이 아니다.

으로 미분하면,

$$\frac{\partial g(\underline{X})}{\partial(\underline{X})}$$

$$= \begin{bmatrix} \frac{\partial g^1(\underline{X})}{\partial x_1} & \frac{\partial g^1(\underline{X})}{\partial x_2} & \cdots & \frac{\partial g^1(\underline{X})}{\partial x_n} \\ \frac{\partial g^2(\underline{X})}{\partial x_1} & \frac{\partial g^2(\underline{X})}{\partial x_2} & \cdots & \frac{\partial g^2(\underline{X})}{\partial x_n} \\ \vdots & \vdots & & \vdots \\ \frac{\partial g^m(\underline{X})}{\partial x_1} & \frac{\partial g^m(\underline{X})}{\partial x_2} & \cdots & \frac{\partial g^m(\underline{X})}{\partial x_n} \end{bmatrix}_{m \times n}$$

이 되는데, 이를 $m \times n$ 야코비안 행렬(Jacobian matrix)이라 한다. 그리고 $m = n$인 경우가 되고, 행렬식이 되는 경우에는 이를 야코비안 행렬식이라 하고 $|J|$로 표시한다.[27] 야코비안 행렬식인 $|J|$는 정규분포가 확률함수임을 증명하는 과정에서는

$$|J| = \left| \frac{\partial(p(u),\ q(v))}{\partial(u,v)} \right|$$

---

27 야코비안 행렬식은 $|J|$, $J(x_1,\ x_2,\ \cdots,\ x_n)$, $\frac{\partial(g^1,\ g^2,\ \cdots,\ g^n)}{\partial(x_1,\ x_2,\ \cdots,\ x_n)}$과 같이 다양하게 표현된다.

의 형태로 나온다.

그리고

$$I$$

$$= \frac{1}{2\pi} \int_{-\infty}^{\infty} \int_{-\infty}^{\infty} e^{-\frac{z^2+y^2}{2}} dz\, dy$$

가 된다고 하였는데,

$$z = r \bullet \cos\theta$$

와

$$y = r \bullet \sin\theta$$

의 성질에 따르면

$$z^2 + y^2 = r^2(\cos^2\theta + \sin^2\theta) = r^2(1) = r^2$$

이 되고,

$$-\frac{z^2 + y^2}{2} = -\frac{r^2}{2}$$

이 된다.

그런데 z와 y라는 두 개의 변수가 존재하므로 야코비안 행렬식($|J|$)의 스칼라 값을 구하면,[28]

$$
\begin{aligned}
&|J| \\
&= \begin{vmatrix} \dfrac{\partial z}{\partial r} & \dfrac{\partial z}{\partial \theta} \\ \dfrac{\partial y}{\partial r} & \dfrac{\partial y}{\partial \theta} \end{vmatrix} \\
&= \begin{vmatrix} \dfrac{\partial (r \cdot \cos\theta)}{\partial r} & \dfrac{\partial (r \cdot \cos\theta)}{\partial \theta} \\ \dfrac{\partial (r \cdot \sin\theta)}{\partial r} & \dfrac{\partial (r \cdot \sin\theta)}{\partial \theta} \end{vmatrix} \\
&= \begin{vmatrix} (\cos\theta) & (-r \cdot \sin\theta) \\ (\sin\theta) & (r \cdot \cos\theta) \end{vmatrix} \\
&= \cos\theta \cdot r\cos\theta - (-r\sin\theta \cdot \sin\theta)
\end{aligned}
$$

28 야코비안 행렬식($|J|$)은 벡터를 미분한 $n \times n$의 행렬식을 말하며, 여기에서는 2차원의 평면 극좌표이기에 2×2의 행렬식이 된다.

$$= r(\cos^2\theta + \sin^2\theta)$$

$$= r\ (1)$$

$$= r$$

이 된다.[29] 그러므로 위의 식은

$$I$$

$$= \frac{1}{2\pi} \cdot \int_{-\infty}^{\infty}\int_{-\infty}^{\infty}(e^{-\frac{z^2+y^2}{2}})dz\,dy$$

$$= \frac{1}{2\pi} \cdot \int_{0}^{2\pi}(1)d\theta \cdot \int_{0}^{\infty}[(e^{-\frac{r^2}{2}}) \cdot |J|]\,dr$$

$$= \frac{1}{2\pi} \cdot \int_{0}^{2\pi}(1)d\theta \cdot \int_{0}^{\infty}[(e^{-\frac{r^2}{2}}) \cdot r]\,dr$$

---

29 행렬식의 계산은

$\begin{vmatrix} \frac{\partial z}{\partial r} & \frac{\partial z}{\partial \theta} \\ \frac{\partial y}{\partial r} & \frac{\partial y}{\partial \theta} \end{vmatrix} = \frac{\partial z}{\partial r} \cdot \frac{\partial y}{\partial \theta} - \frac{\partial z}{\partial \theta} \cdot \frac{\partial y}{\partial r}$이다. 그리하여

$\begin{vmatrix} (\cos\theta) & (-r \cdot \sin\theta) \\ (\sin\theta) & (r \cdot \cos\theta) \end{vmatrix} = \cos\theta \cdot r\cos\theta - (-r\sin\theta \cdot \sin\theta)$가 된다.

이 된다. 그리하여

$$I$$

$$= \frac{1}{2\pi}\int_{-\infty}^{\infty}\int_{-\infty}^{\infty} e^{-\frac{z^2+y^2}{2}}\, dz\, dy$$

$$= \frac{1}{2\pi} \bullet \int_{0}^{2\pi}\int_{0}^{\infty} (e^{-\frac{r^2}{2}} \bullet r)\, d\theta\, dr$$

$$= 1$$

은 증명된다.

참조

DeGroot · Schervish(2008), 313-318;

Giordano · Weir · Finney(2005), 349-354;

Hogg · Craig(1978), 109-117;

Hogg · Tanis(2006), 150-157, 180-197;

Smith · Minton(2007), 1046-1111;

Tabachnick · Fidel(2007), 930-933;

강병서(2005), 515-519;

김수택(2009), 237-245, 319-340;

안승철 · 이재원 · 최원(2006), 219-233;

윤기중(1981), 146-158, 262-307;

정필권(2009), 230-279, 345-359.

참고문헌

DeGroot · Schervish(2008), 『Probability and Statistics』, Pearson.

Giordano · Weir · Finney(2005), 『미분적분학(역 : 미분적분학 교재편찬위원회)』, 북스힐.

Groebner · Shannon · Fry · Smith(2001), 『Business Statistics』, Prentice Hill.

Hogg · Craig(1978), 『Introduction to mathematical statistics』, Collier Macmillan.

Hogg · Tanis(2006), 『수리통계학(역 : 백장선 · 손영숙)』, 사유아카데미.

Leon-Garcia, A.(2008), 『확률 및 랜덤 프로세스(역 : 고한석 외)』, 청문각.

Rachev · Hsu · Bagasheva · Fabozzi(2008), 『Baysian methods in finance』, Wiley.

Smith · Minton(2007), 『Calculus』, McGraw-Hill.

Tabachnick · Fidel(2007), 『Using Multivariate Statistics』,

Pearson.

Trivedi, K. S.(2002), 『Probability and Statistics with Reliability, Queuing and Computer Science Applications』, Wiley.

Wackerly · Mendelhall · Scheaffer(2008), 『Mathematical statistics』, Thomson.

강병서(2005), 『다변량통계학』, 한경사.

김두섭 · 김남준(2000), 『회귀분석』, 나남출판.

김수택(2009), 『통계학을 위한 미적분과 행렬대수』, 자유아카데미.

김해경(2001), 『통계적 추론』, 아카넷.

박성현(2007), 『회귀분석』, 민영사.

안상형 · 이명호(1994), 『현대통계학』, 학현사.

안승철 · 이재원 · 최원(2006), 『수리통계학의 이해』, 교문사.

유동선(2000), 『통계학해법 대사전』, 교우사.

윤기중(1981), 『수리통계학』, 박영사.

이재성(2010), 『금융수학』, 서강대학교 출판부.

임종원(1981), 『통계학원론』, 무역경영사.

임종원 편(1996), 『마케팅조사 이렇게』, 법문사.

전종우 · 손건태(2005), 『확률의 개념 및 응용』, 자유아카데미.

정필권(2009), 『경제수학』, 법문사.

채서일(2005), 『마케팅조사론』, B & M books.

홍종선(2006), 『추정과 가설검정』, 자유아카데미.

색인

(U)

(W)

조규진(曺圭珍, Gyue-Jin Joe)

서울대학교 경영대학 졸업(경영학사)

서울대학교 대학원 경영학과 졸업(경영학석사)

독일 쾰른대학교 대학원 경영학과 졸업(경영학박사)

광운대학교 경영대학 국제통상학부 교수

이메일 : joe5326@kw.ac.kr

조사방법론

— 정규분포와 추정의 수학적 접근

초판 1쇄 인쇄 2018년 2월 21일

초판 1쇄 발행 2018년 2월 28일

지은이 조규진

펴낸이 박기남

책임편집 차은지

기획 · 영업 정우성

펴낸곳 **율곡출판사**

08590 서울시 금천구 가산디지털1로 84(에이스하이엔드 8차), 803호

전화 (代) 02) 718-9872/3

팩스 02) 718-9874

홈페이지 http://www.yulgokbooks.co.kr

이메일 yulgokbook@naver.com

등록 1989.11.10. 제2014-000031호

ISBN 979-11-87897-29-3 93320

정가 15,000원